BIBLIOTHÈQUE
POUR TOUT LE MONDE
DIRECTEUR : AB. RIOU

SIMPLE, FACILE
ASTRONOMIE
AVEC FIGURES

A R

PARIS,
PHILIPPART, LIBRAIRE
rue Dauphine, 24.

ÉLÉMENTS

D'ASTRONOMIE

PAR

L. GIRAULT.

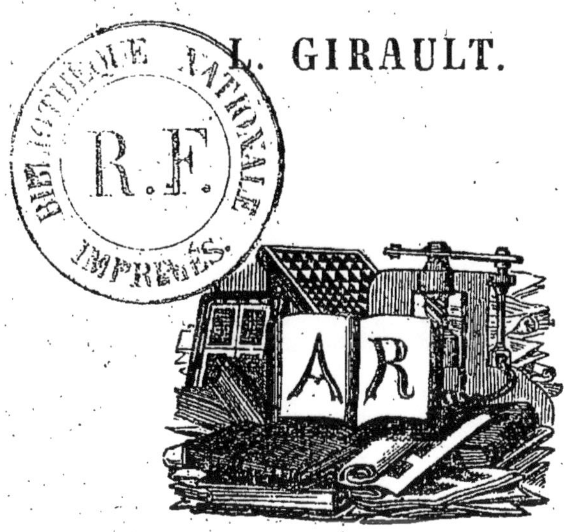

A PARIS,

CHEZ PHILIPPART, LIBRAIRE,
RUE DAUPHINE, 24,
ET CHEZ TOUS LES LIBRAIRES
DE LA FRANCE.

1850

ÉLÉMENTS

D'ASTRONOMIE.

L'Astronomie a pour objet l'étude des corps célestes et des lois qui régissent leurs mouvements. Elle a pris naissance chez les peuples pasteurs, et dans les climats où le ciel est presque toujours serein. L'invention de la sphère, la division du zodiaque en douze constellations, et les noms donnés à ces dernières paraissent venir des Chaldéens, qui sans doute les tenaient de peuples plus anciens.

De l'Orient l'astronomie passa en Égypte. Les monuments de ce pays et quelques passages des anciens auteurs attestent les progrès que la science chaldéenne fit dans les temples de Thèbes et de Memphis.

La Grèce resta indifférente aux études savantes de la Chaldée et de l'Egypte; elle méprisa la vérité que l'école de Pythagore annonçait en disant que la terre tourne sur elle-même et autour du soleil. Eudoxe, Pythéas, Eratosthène firent quelques observations importantes; le dernier essaya même de mesurer la terre par le moyen usité aujourd'hui. Hipparque parut en 160; il trouva la vraie longueur de l'année, observa le grand mouvement céleste appelé *précession des équinoxes*, et dressa un catalogue de vingt-deux mille étoiles. Ptolémée réunit les connaissances astronomiques alors existantes dans un ouvrage que les Arabes ont appelé *Almageste*, et il y développa un système qui a été suivi en Europe jusqu'au seizième siècle, et qui consistait à faire de la terre le centre de tous les mouvements des corps célestes.

Copernic, né à Thorn en 1472, fut le premier qui osa révoquer en doute le système de Ptolémée, et démontrer que le soleil est immobile au centre de l'univers, et que la terre ainsi que toutes les planètes tournent autour de l'astre qui les échauffe et les éclaire.

Tycho-Brahé s'égara dans de fausses théories, et cependant rendit à la science d'éminents services par ses belles observations. Képler s'immortalisa par la découverte des trois grandes lois qui régissent les corps célestes, et auxquelles il a laissé son nom. Peu de temps après, Galilée, à l'aide du télescope, dont il peut être regardé comme l'inventeur, ouvrit de nouveaux cieux à l'astronomie, aperçut les satellites de Jupiter, et prouva jusqu'à l'évidence le mouvement de la Terre autour du Soleil. Huyghens, Cassini, Helvétius marchèrent glorieusement dans la voie tracée par Copernic, Képler et Galilée; Halley annonça le retour d'une comète; enfin Newton, né en 1642, parvint en méditant les lois de Képler à découvrir la loi fondamentale de l'univers, c'est-à-dire l'attraction, par laquelle on explique les mouvements planétaires, l'aplatissement des pôles, le flux et le reflux de la mer, en un mot tous les mouvements, toutes les anomalies apparentes observées sur la terre ou dans les cieux. En portant le télescope à une perfection extraordinaire, Herschel agrandit encore pour nous les espaces du ciel et y découvrit la planète Uranus. Olbers, Harding, Piazzi, Hencke et Hind en ont successivement aperçu sept autres, et tout récemment M. Le Verrier vient d'indiquer, par le seul calcul des perturbations d'Uranus, la place où devait indubitablement se trouver une planète inconnue. Enfin de nombreux savants de toutes les nations ajoutent chaque jour de nouveaux compléments à l'édifice de la plus majestueuse des sciences.

MOUVEMENTS APPARENTS DU CIEL.

Si d'un lieu élevé et pendant une belle nuit on observe

attentivement le spectacle du ciel, on le voit changer à chaque instant. Les étoiles s'élèvent ou s'abaissent, quelques-unes commencent à monter vers l'orient, d'autres disparaissent à l'occident; plusieurs, telles que celles de la Grande-Ourse et celles de Cassiopée, n'atteignent jamais l'horizon dans nos climats. Dans ce mouvement général la position respective de tous ces astres reste la même; ils décrivent des cercles d'autant plus petits qu'ils sont plus près de l'étoile polaire, qui seule reste immobile.

Ainsi le ciel paraît tourner sur deux points fixes, nommés pour cette raison *pôles du monde*, et dans ce mouvement il entraîne le système entier des astres.

Ici plusieurs questions se présentent à résoudre. Que deviennent pendant le jour les astres que nous voyons durant la nuit? d'où viennent ceux qui commencent à paraître? L'examen des phénomènes fournit des réponses à ces questions. Le matin la lumière des étoiles s'affaiblit à mesure que le crépuscule fait place à l'aurore; le soir elles deviennent plus brillantes à mesure que le crépuscule fait place à la nuit : ce n'est donc point parce qu'elles cessent de luire, mais parce qu'elles sont effacées par la lumière du soleil que nous cessons de les apercevoir. Celles qui sont assez près du pôle pour ne jamais atteindre l'horizon décrivent des cercles dont la circonférence est entièrement visible. Quant aux étoiles qui commencent à se montrer à l'orient pour disparaître à l'occident, il est naturel de penser qu'elles continuent de décrire sous l'horizon les cercles qu'elles ont commencé à parcourir au-dessus. Cette vérité devient sensible quand on s'avance vers le nord ; on voit s'élever le pôle proportionnellement à l'espace parcouru, et les cercles des étoiles situées vers cette partie du globe se dégagent de plus en plus de l'horizon ; ces étoiles cessent enfin de disparaître, tandis que d'autres étoiles, situées au midi, deviennent pour toujours invisibles. On observe le contraire en avançant vers le midi ; des étoiles qui demeuraient constamment sur l'horizon se lèvent et se couchent alternativement, et de nouvelles étoiles, auparavant invisibles, commencent à paraître.

De ces premières observations on doit conclure que la Terre est un globe que le ciel enveloppe de tous côtés.

Après ce premier mouvement dont nous venons de parler, et qu'on appelle *mouvement diurne*, on en remarque un autre, qui a lieu dans un sens inverse. Si on observe plusieurs jours de suite, et *à la même heure*, du côté de l'occident, quelque étoile après le coucher du Soleil, on la verra de jour en jour plus proche du point où a disparu cet astre, jusqu'à ce qu'elle se perde dans les rayons solaires. On remarquera, d'ailleurs, que cette étoile a conservé sa situation et sa distance par rapport aux autres étoiles, et que toutes se lèvent et se couchent constamment au même point de l'horizon, tandis que le Soleil change tous les jours les points de son lever et de son coucher. De là on conclura que ce n'est pas l'étoile qui s'est rapprochée du Soleil, mais que c'est le Soleil qui se rapproche successivement des étoiles situées à son orient. Ce mouvement est d'un degré environ par jour; il se fait d'occident en orient, et par conséquent en sens contraire du mouvement diurne : c'est le *mouvement annuel*.

ORIENTATION. — NOTIONS INDISPENSABLES.

La première chose qu'il faut savoir trouver en astronomie, c'est le pôle de notre hémisphère. Rien de plus facile : qui ne connaît cette constellation composée de sept étoiles, et nommée vulgairement le Chariot, et que les astronomes ont appelée la Grande-Ourse ? Si l'on tire une ligne par les deux étoiles qui sont le plus éloignées de la queue, cette ligne prolongée conduira par un alignement à peu près direct vers l'*étoile polaire*, en suivant cet alignement à droite en été, à gauche en hiver, en haut en automne, en bas au printemps.

Quand on connaît l'étoile polaire, il est facile de s'orienter. Pour se former alors une idée précise du mouvement des astres, on conçoit par le centre de la Terre et par les deux pôles du monde un axe autour duquel tourne la sphère céleste. Le grand cercle perpendiculaire à cet axe s'appelle *équateur:* les deux cercles extrêmes, que le Soleil décrit au solstice d'été et au solstice d'hiver, se nomment *tropiques;* les petits cercles que les étoiles paraissent décrire parallèlement à l'équateur, en vertu de leur mouvement diurne, se nomment *parallèles;* le *zénith* de l'observateur est le point du ciel que la verticale va rencontrer ; le *nadir* est le point directement opposé. Le *méridien* est le grand cercle qui passe par le zénith et par les pôles ; il partage en deux l'arc décrit par le soleil et les étoiles sur l'horizon. Enfin l'*horizon* est le grand cercle perpendiculaire à l'observateur ou parallèle à la surface de l'eau stagnante.

Entre les deux pôles existe, avons-nous dit, l'équateur, que le Soleil parcourt exactement à l'époque des deux équinoxes, et qui divise le monde en deux hémisphères égaux, dont l'un est dit septentrional et l'autre méridional.

Le méridien, qui partage le jour en deux parties égales, change à chaque pas que l'on fait vers l'orient ou vers l'occident. Il n'y a qu'un moyen de changer de place sans changer de méridien, c'est d'aller directement vers le nord ou vers le sud, c'est-à-dire vers l'un des deux pôles.

SYSTÈME DE COPERNIC.

Quand on observe l'aspect mobile du ciel pendant la nuit, le mouvement de la Terre est difficile à concevoir si la pensée ne parvient point à dominer l'impression des sens. Mais, ainsi que nous le démontrerons dans cet opuscule, Copernic, Galilée, Newton, et deux siècles d'observation en ont fourni des preuves si convaincantes, que ce mouvement n'est plus aujourd'hui l'objet d'un doute pour tout homme capable de réfléchir.

Quoi! les planètes, qui ont des mouvements propres, différents les uns des autres, et dans un sens inverse du mouvement apparent de tous les jours ; les comètes, qui se meuvent dans tous les sens, et ces innombrables étoiles, dont les distances sont incalculables, se réuniraient pour tourner chaque jour ensemble et d'une pièce autour d'un atome perdu dans l'immensité !

Lorsque ce premier raisonnement nous a convaincus du mouvement de rotation de la Terre, il n'est pas difficile d'admettre son mouvement de révolution ou de translation en une année autour du Soleil; car un corps ne tourne point sur son axe sans avancer en même temps, et l'on voit les planètes Jupiter et Mars tourner sur leur axe en même temps qu'elles avancent dans leurs orbites.

L'objection qu'on a le plus répétée contre le mouvement de la Terre, c'est que si elle tourne sur elle-même en vingt-quatre heures, toutes les parties de sa surface doivent se mouvoir avec une grande vitesse du côté de l'orient, et qu'une pierre lancée en l'air en ligne verticale devrait tomber à l'occident du lieu où on l'a lancée, et à une distance égale à la quantité dont ce lieu même a été déplacé à l'orient par le mouvement de la Terre pendant tout le temps que la pierre a mis à monter et à redescendre. Ce raisonnement est une erreur, car un corps mis en mouvement le conserve indéfiniment, à moins que quelque chose ne l'arrête ou ne le détourne de sa course. La pierre avait reçu l'impulsion du mouvement de la Terre avant d'en être séparée, et la personne qui la jetait en l'air avait été également soumise à la même impulsion qu'elle avait aussi communiquée à la pierre ; il en résulte que celle-ci a continué de se mouvoir à l'orient pendant son ascension et sa chute, en même temps et aussi vite que la Terre et le spectateur, de sorte que celui-ci l'a vue monter et descendre verticalement. Cependant rien n'est plus certain que sa direction est une courbe, et qu'elle paraîtrait telle au spectateur placé en l'air, et sur qui le mouvement de la Terre n'aurait aucune influence. Pour nous en convaincre, imaginons un grand bateau naviguant le long du rivage, dans lequel il y ait des personnes placées sur les bords et se faisant face ; alors elles se trouveront dans une direction perpendiculaire à la marche du bateau. Supposons qu'elles se jettent alternativement une balle, qui conséquemment traverse le bateau dans sa largeur : il est évident que la balle suit le mouvement progressif du bateau, sans cela la personne qui doit la recevoir, et qui est soumise au mouvement du bateau, ne pourrait la saisir, ne se trouvant plus en face de son point de départ. Cela est si vrai, qu'un spectateur placé sur le rivage voit la balle décrire une ligne oblique, qui est la diagonale des deux vitesses.

Également si on laisse tomber une pierre du haut du mât d'un vaisseau en mouvement, elle tombe directement au pied du mât comme quand le vaisseau est en repos ; le mouvement est communiqué d'avance au mât, à la pierre et à tout ce qui existe dans le vaisseau, en sorte que tout arrive dans ce navire comme s'il était immobile. Il n'y a que le choc des obstacles étrangers qui fait qu'on aperçoit le mouvement d'un navire : quelle que soit la rapidité de sa marche on croit que ce sont les objets placés sur la rive qui fuient derrière lui ; et comme la Terre n'en rencontre aucun dans l'espace, il n'y a absolument rien dans la nature qui puisse nous faire apercevoir son mouvement.

LOIS DE KÉPLER.

Les planètes tournant autour du Soleil, c'est dans le Soleil qu'il faudrait être pour observer les circonstances, les règles ou les lois de leurs mouvements. Mais il y a des occasions où la Terre est placée de manière que nous pouvons apercevoir et juger les choses comme si nous étions au centre même du système planétaire. Par exemple, quand une planète est sur la même ligne que le Soleil et la Terre, alors nous voyons la planète au même lieu que si nous pouvions la voir du Soleil. C'est en profitant de toutes ces circonstances qu'on est parvenu à connaître toutes les lois des mouvements des planètes.

Képler, sans le secours d'aucun instrument, guidé par son puissant génie, découvrit ces lois sublimes qui lui ont justement mérité le surnom de *législateur de l'astronomie*. Il reconnut :

1° Que les planètes décrivent autour du Soleil, non des cercles mais des ellipses, dont cet astre occupe un des foyers;

2° Que les rayons vecteurs décrivent des aires proportionnelles au temps; c'est-à-dire que la marche des planètes n'a pas toujours la même rapidité. Plus la planète s'éloigne du Soleil, plus le mouvement se ralentit; plus elle s'en rapproche, plus il s'accélère : il est exactement proportionnel aux aires décrites par le rayon vecteur, ou à la surface d'un triangle, dont deux côtés sont formés par deux distances en temps donné de la planète au Soleil, et le troisième côté par l'arc que décrit la planète dans le même temps donné. On conçoit alors que l'arc ou l'espace parcouru doit diminuer proportionnellement à l'allongement du rayon vecteur ou à la distance de la planète au Soleil. (Voy. *fig.* page 15.)

3° *Les carrés des temps périodiques des planètes sont entre eux comme les cubes de leurs distances moyennes au Soleil.*

Ou, en d'autres termes, *les carrés des temps égalent les cubes des distances.*

D'après cette loi, quand on connaît le temps d'une planète, il suffit, pour trouver la distance, d'élever le temps au carré et d'en prendre ensuite la racine cubique.

Exemple: Jupiter met 12 ans à accomplir sa révolution autour du Soleil; le carré de 12 est 144, dont la racine cubique est 5.2 : c'est la distance de cette planète au Soleil en prenant la distance de la Terre pour unité. Si l'on veut réduire cette distance en lieues, il ne faut que multiplier 35 millions (distance de la Terre au Soleil) par 5.2.

Quant à la distance d'une planète dont la révolution est moins longue que celle de la Terre, de Vénus, par exemple, on dira : Le carré de 365 jours (durée de la révolution de la Terre) est au carré de 224 jours (durée de la révolution de Vénus), comme 35 millions (distance de la Terre au Soleil) est à un quatrième terme dont la racine cubique sera la distance de Vénus au Soleil.

Les mêmes calculs s'appliquent aux Satellites.

DE L'ATTRACTION OU DE LA PESANTEUR UNIVERSELLE.

Le premier phénomène que l'on observe dans la pesanteur des corps terrestres, c'est la vitesse avec laquelle ils tombent sur la Terre. Tous les corps, quelles que soient leurs grosseurs ou leurs densités, commencent à tomber (dans le vide) avec une vitesse de 5 mètres par seconde; mais après avoir parcouru 5 mètres dans la première seconde de temps, ils en parcourent trois fois autant dans la suivante, cinq fois autant dans la troisième, de manière que les espaces parcourus par secondes successives sont comme les nombres 1, 3, 5, 7, 9, etc. De là il suit que les espaces parcourus depuis le commencement de la chute sont comme les carrés des temps : c'est-à-dire que ces espaces sont comme les carrés 1, 4, 9, 16, des temps 1, 2, 3, 4, que la chute a duré. Ainsi un corps qui aura tombé pendant dix secondes avant d'atteindre le sol aura parcouru cent fois 5 mètres. Ce fait, que Galilée reconnut le premier, est confirmé par l'expérience.

La Terre est ronde, et la pesanteur a lieu tout autour : il y a plus, cette rondeur est la conséquence forcée de la pesanteur, parce que toutes les parties tendent vers un centre commun autour duquel elles se disposent pour trouver l'équilibre. Il y a dans toutes les planètes une pesanteur semblable à celle qu'on éprouve à la surface de la Terre; leur figure ronde suffit pour le démontrer : ainsi la matière de la Terre n'est pas la seule qui soit douée de cette faculté de retenir et d'attirer les corps environnants; de là il était naturel de conclure qu'il y avait dans la matière en général une force attractive, et que partout où il y a de la matière il y a attraction.

Anaxagore, Démocrite, Épicure admettaient déjà cette tendance générale de la matière vers des centres communs; Copernic avait la même idée. Képler, génie plus vaste, plus hardi, affirmait que l'attraction du Soleil s'étendait non-seulement jusqu'à la Terre, mais qu'elle était générale et réciproque entre les planètes. Fermat, Bacon, Galilée, Hooke surtout, en parlent d'une manière plus positive encore. Il ne manquait plus à l'attraction qu'un géomètre qui découvrît la loi suivant laquelle elle décroît : cette gloire était réservée à Newton.

Les premières idées qui donnèrent naissance au livre des *Principes* de Newton lui vinrent en 1666. Il méditait sur la pesanteur et sur ses propriétés. Cette force, se disait-il, ne diminue pas sensiblement quand on s'élève au-dessus des plus hautes montagnes, pourquoi ne s'étendrait-elle pas jusqu'à la Lune? Peut-être sert-elle à la retenir dans son orbite; et quoique la force de gravité ne soit pas sensiblement affaiblie par un petit changement de distance, tel que nous pouvons l'éprouver ici-bas, il est très-possible que dans l'éloignement où se trouve la Lune cette force soit fort diminuée. Pour parvenir à estimer quelle pouvait être la quantité de cette diminution, Newton compara la force que la Terre exerce sur les corps avec celle qui devait retenir la Lune dans son orbite, ou qui l'empêche de s'échapper en ligne droite par la force centrifuge. Il se dit : Les corps terrestres descendent sur la Terre avec une vitesse de 5 mètres par seconde, mais l'orbite de la Lune se courbe 3,600 fois moins dans le même intervalle de temps. Or, la Lune est 60 fois plus loin que nous du centre de la Terre, et le carré de 60 est juste 3,600. La conséquence naturelle était donc que la force attractive diminue comme le carré de la distance augmente, et cela suffisait pour expliquer et la descente des corps graves sur la Terre et la persévérance de la Lune à tourner autour de cette planète. Newton formula cette loi sublime en disant que *l'attraction agit en raison inverse du carré de la distance et en raison directe de la masse*, c'est-à-dire qu'à une distance 10 fois plus grande l'attraction est 100 fois plus petite, et qu'une masse 10 fois plus grande n'est que 10 fois plus forte.

Nous allons faire une opération qui servira à prouver quelle est la courbure de l'orbite de la Lune pendant une seconde. Nous venons de dire que cette courbure est la 3,600[e] partie de 5 mètres pendant une seconde; or si cet écartement de la tangente croît comme le carré des temps, en 60 secondes il sera 3,600 fois plus grand, ou de 5 mètres; en une heure il sera encore 3,600 fois plus grand, ou de 18,000 mètres; en 24 heures il sera de 576 fois 18 mille mètres, ou 1,850 lieues; en 7 jours il sera 49 fois plus considérable, ou de 90 mille lieues : c'est en effet la grandeur du rayon de l'orbite de la Lune. En traçant un cercle, on voit clairement qu'elle doit se courber de cette quantité dans le quart du temps de sa révolution autour de la Terre.

D'après cette observation, quand on connaît la courbure de l'orbite de la Lune pendant une seconde, relativement à la chute des graves sur la Terre pendant le même temps, il est facile de trouver la distance de ce satellite, puisque la racine carrée de cette courbure représente le nombre de demi-diamètres qui la séparent de la Terre. Exemple : la courbure (ou le *sinus verse*, c'est-à-dire l'écartement de la tangente) est 3,600 fois plus petite que la chute des corps à la surface de la Terre : cherchant la racine carrée de 3,600, on trouve 60; c'est le nombre de demi-diamètres de la Terre qui séparent la Lune de cette planète.

Pour concevoir l'effet de la force attractive, supposons un globe *m* lancé dans l'espace; il décrira uniformément la droite MB (*fig*. I).

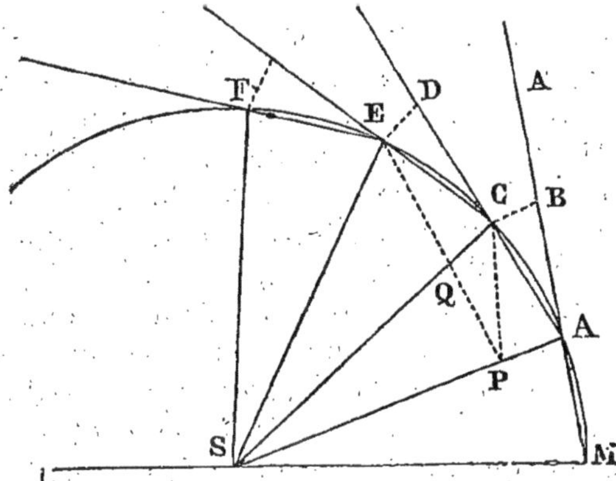

Mais imaginons qu'arrivé en A il reçoive un choc qui le porte vers S, en sorte qu'il soit animé de deux forces, l'une selon AA, l'autre selon AS. On sait par les principes de la dynamique que ce mobile prendra une route AC, intermédiaire, qu'on détermine ainsi : prenez les parties AB et AP telles que si le mobile n'eût été sollicité que par l'une ou l'autre impulsion, il eût décrit ces parties dans des temps égaux : achevez le parallélogramme ABCP; le mobile, par l'action simultanée des deux forces, décrira la diagonale AC et parviendra en E dans le même temps qu'il eût employé pour arriver en B ou en P.

Mais si en C une nouvelle impulsion le pousse en S, le mouvement changera encore; un second parallélogramme DQ donne la direction CE; une troisième impulsion produit un troisième changement, et le mobile décrit EF, et ainsi de suite.

Le corps parcourra donc un polygone régulier en vertu d'une impulsion primitive modifiée par une suite d'impulsions dirigées vers le centre S et exercées à des intervalles de temps égaux ; mais si les impulsions dirigées vers le centre S s'exercent continuellement, on est conduit, conformément à la première loi de Képler, à la notion du mouvement curviligne. S'il arrivait que les forces centrales vinssent à cesser tout à coup, le mobile s'échapperait par la tangente en reprenant le mouvement rectiligne et uniforme.

Lorsque les deux puissances A B et A P, c'est-à-dire la force centrifuge ou d'impulsion et la force centripète ou attractive, croissent proportionnellement, la direction AC du mouvement demeure la même, la vitesse croît dans le même rapport que les forces, et le mouvement est circulaire et uniforme; mais si l'une des forces croît dans un plus grand rapport que l'autre, alors le mouvement ne sera ni circulaire ni uniforme.

Supposons que la force centrale devienne ou ait été dès l'origine un peu plus grande que la force d'impulsion, les côtés A C, C E s'approcheront du centre S, et la vitesse acquerra plus de rapidité, puisque les deux forces, au lieu de se combattre, agiront presque dans la même direction. Mais si le calcul et l'expérience ont prouvé que l'attraction augmente en raison inverse du carré de la distance, c'est-à-dire que si à une distance trois fois moindre la puissance attractive est neuf fois plus grande, on a reconnu aussi que la force centrifuge augmente en raison inverse du cube de la distance, en d'autres termes qu'à une distance trois fois plus rapprochée la force impulsive est 27 fois plus considérable : on conçoit alors que la planète se rapprochera du Soleil jusqu'au point où, l'arc de son orbite devenant perpendiculaire au rayon vecteur, la vitesse se sera accrue dans une proportion supérieure à celle de l'attraction; et qu'alors la planète s'éloignera du Soleil pour recommencer à s'en rapprocher lorsque l'attraction, en agissant en sens inverse de la force impulsive et diminuant dans une proportion moindre qu'elle, deviendra à son tour prépondérante.

Par cette combinaison des forces la planète ne décrira pas un cercle, mais une ellipse : elle sera tantôt plus rapprochée, tantôt plus éloignée de l'astre central. Quand elle en sera plus près, son mouvement sera plus rapide; il sera plus lent lorsqu'elle en sera plus éloignée, mais dans une proportion telle que les aires décrites par les rayons vecteurs A B, AC et AD, AE, (fig. 2) seront égales.

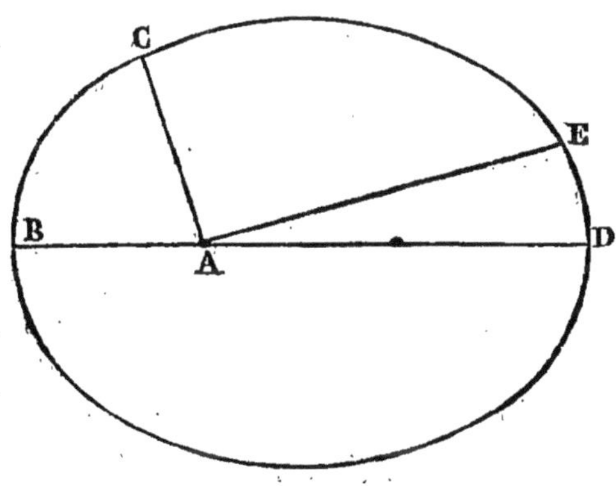

On voit clairement que pour que les aires ou les surfaces des triangles ABC et ADE soient égales il faut que l'arc B C soit plus grand que l'arc D E, et conséquemment que la planète en décrivant cette ellipse aura un mouvement plus rapide à son périhélie B qu'à son aphélie D.

La force avec laquelle une planète est attirée ne dépend point de sa masse; l'expérience le prouve, puisque dans le vide les grosses masses tombent avec la même vitesse que les petites : donc la force attractive ne dépend que de la masse qui attire et non pas de celle qui est attirée. La masse des planètes, c'est-à-dire leur quantité de matière ou leur force attractive, se déduit du principe de l'attraction, et l'on en conclut aisément leur densité ou leur pesanteur spécifique. Cette découverte, qui paraît d'abord bien singulière, est cependant une suite naturelle de la loi de la gravitation, puisque la force attractive est un indice certain de la quantité de matière.

Prenons pour terme de comparaison la masse ou la force attractive de la Terre, dont les effets nous sont connus et familiers, et cherchons quelle est la masse de Jupiter par rapport à celle de la Terre. Le premier satellite de Jupiter fait sa révolution à une distance qui est à un dixième près la même que celle de la Lune à la Terre. Si ce satellite tournait autour de Jupiter dans le même espace de temps que la Lune emploie pour tourner autour de la Terre, il s'ensuivrait évidemment que la force de Jupiter pour retenir ce satellite dans son orbite serait égale à celle de la Terre pour retenir la Lune dans le sien, et que la masse de Jupiter serait la même que celle de la Terre (il faut bien se rappeler ici que l'attraction agit en raison directe des masses et en raison inverse du carré de la distance); dans ce cas il faudrait que la densité de la Terre fût 1,474 fois plus grande que celle de Jupiter, puisqu'elle produirait le même effet avec un volume 1,474 fois moindre; mais si le satellite tourne 16 fois plus vite que la Lune, il faut pour le retenir 256 fois plus de force, car la force centrale est comme le carré de la vitesse : or 256 est environ 5 fois plus petit que 1,474 :

donc le volume de Jupiter est 5 fois plus grand que sa quantité de matière réelle et effective par rapport à celui de la Terre. Ainsi la densité de la Terre est 5 fois plus grande environ que celle de Jupiter.

Telle est la méthode qui a servi à Newton pour calculer les masses et les densités des planètes : plus un satellite est éloigné de sa planète et tourne rapidement, plus aussi il indique de force et de matière dans la planète principale qui le retient.

Voici l'expression générale de la règle qui sert à trouver la masse d'une planète en prenant celle de la Terre pour unité : la *masse* d'une planète est à *celle* du Soleil comme le *cube* de la distance d'un de ses satellites, divisé par le carré de sa révolution sidérale, est au cube de la *distance* de la Terre au Soleil, divisé par le carré de sa révolution. *Exemple :* Le quatrième satellite de Jupiter est à 429,000 lieues de cette planète, et fait sa révolution en 16 j. 18 h.; en cubant la distance de ce satellite et en divisant ce résultat par le carré de sa révolution on obtient un nombre qui est à peu près la 1,054[e] partie de celui obtenu par le cube de 35 millions (distance de la Terre au Soleil) divisé par le carré de 365 jours, durée de sa révolution sidérale. Cette fraction est la masse de Jupiter comparée à celle du Soleil. On aurait pu prendre pour terme de comparaison toute autre planète que la Terre, le quotient eût été exactement le même.

On trouverait par le même calcul que la masse de la Terre est la 354,956[e] partie de celle du Soleil, en cherchant combien de fois le cube de la distance de la Lune, divisé par le carré de sa révolution, est contenu dans le cube de la distance de la Terre au Soleil, divisé par le carré de sa révolution annuelle.

Cette force ou cette masse d'une planète, étant divisée par son volume, exprimé de même en prenant pour unité le volume du Soleil, donne la densité cherchée de la planète par rapport au Soleil. Voici deux exemples de ce calcul.

La masse du Soleil est 354,956 fois celle de la Terre;

son volume 1,407,124 fois plus considérable; en divisant 354,936 par 1,407,124, on a pour quotient un cinquième; c'est la densité du Soleil, celle de la Terre étant 1 : la Terre est donc 5 fois plus dense que le Soleil.

Nous avons reconnu par l'action de Jupiter sur son premier satellite que sa masse est 256 fois celle de la Terre; divisant ce nombre par son volume qui est 1,414 fois celui de cette planète, on a pour résultat à peu près un cinquième; c'est la densité de Jupiter.

Les densités de Mercure, de Vénus et de Mars ne peuvent se trouver par la méthode précédente, puisque ces planètes n'ont point de satellites qui puissent nous indiquer l'intensité de leur attraction : ce n'est que par les perturbations qu'elles font éprouver aux corps qui les approchent qu'on peut en faire un calcul approximatif.

La densité de la Lune est à peu près les 7 dixièmes de celle de la Terre; elle se déduit de son volume qui est le 49e de celui de la Terre, et de son intensité sur les marées, estimée 68 fois plus faible.

Lorsqu'on connaît la masse et le diamètre d'une planète, il est aisé de trouver l'effet de la pesanteur à sa surface, c'est-à-dire la force accélératrice des graves dans la planète ; car cette force est en raison de la masse et en raison inverse du carré du rayon; en un mot, elle n'est autre chose que la vitesse des corps terrestres sous l'équateur (5 mètres), multipliée par la masse de la planète, et divisée par le carré de son rayon, en prenant pour unité la masse et le rayon de la Terre.

Exemple : Les corps terrestres parcourent 5 mètres en une seconde en tombant sur la Terre; en multipliant 5 par la masse de Jupiter, qui est 256, et en divisant le produit par 121, carré de son rayon qui est 11, on trouve pour quotient 10 mètres 65 ; c'est le nombre de mètres parcourus en une seconde par les corps qui tombent à la surface de Jupiter.

Si l'on cherche les dérangements que la force du Soleil cause à la Lune, il suffit de chercher le rapport qu'il y a entre la force du Soleil pour tirer la Lune de son orbite et celle de la Terre pour l'y retenir, ou la quantité dont la force du Soleil peut contrarier celle-ci. On fera cette proportion : la force du Soleil sur la Lune est à la force de la Terre sur la Lune comme la masse du Soleil divisée par le carré de sa distance à la Lune est à la masse de la Terre divisée par le carré de sa distance à la Lune. Il faudra aussi tenir compte de la rapidité de la Lune autour du Soleil, emportée qu'elle est par la révolution annuelle de la Terre, qui parcourt 415 lieues par minute, tandis que la rapidité de la Lune autour de la Terre n'est que de 14 lieues; or, on sait que pour balancer une vitesse deux fois plus grande il faut une force attractive quadruple.

Telle est la solution de quelques-uns des problèmes astronomiques inabordables avant la découverte des lois de Képler et de celles de l'attraction. Nous verrons par la suite que l'obliquité de l'écliptique, la précession des équinoxes, la nutation de la Terre, l'aberration des Etoiles, le flux et le reflux de l'Océan, que tant de phénomènes, en un mot, qui semblent s'écarter des règles mathématiques de la nature, dérivent de cette loi universelle de la pesanteur, qui enchaîne, conserve et harmonise l'univers.

SYSTÈME PLANÉTAIRE.—LE SOLEIL.

Le système planétaire, qui comprend un orbe de plus de 6,600 millions de lieues (nous ne comprenons pas ici les comètes dont quelques-unes s'éloignent 10 fois plus que Neptune, sans se soustraire à l'influence du Soleil), est composé de dix-sept planètes : Mercure, Vénus, la Terre, Mars, Flore, Vesta, Iris, Hébé, Métis, Astrée, Junon, Cérès, Pallas, Jupiter, Saturne, Uranus et Neptune.

Le Soleil est le centre et le modérateur de notre univers; nous allons nous en occuper, et nous parlerons ensuite des planètes suivant l'ordre où elles sont placées relativement à cet astre.

Après le mouvement diurne, un des phénomènes les

plus frappants, puisqu'il produit la différence des saisons, de la longueur des jours et des nuits, c'est le mouvement annuel du Soleil. Ce mouvement n'est qu'une illusion; mais nous devons examiner ici l'apparence des phénomènes avant de nous occuper de nouveau des causes qui les produisent.

Pour se convaincre que les Étoiles sont immobiles, et que c'est le Soleil qui se porte chaque jour d'environ un degré vers l'est, il suffit d'observer qu'il change continuellement les points de son lever et de son coucher, tandis que les Etoiles se couchent et se lèvent toujours vis-à-vis des mêmes objets terrestres. Pour mesurer ce mouvement avec précision, on remarque à une pendule réglée sur les Etoiles le moment du passage du centre du Soleil au méridien, et on voit que chaque jour il y arrive environ 4′ plus tard qu'une étoile prise à volonté pour objet de comparaison. Lorsque la Terre a effectué 90 révolutions, l'intervalle est de 90 fois 4′, ou à peu près 6 heures; donc le cercle horaire du Soleil s'est porté vers l'orient à 90 degrés de celui de l'étoile. Les retards continuant à s'accumuler, on trouve qu'après 365 jours 5 heures 48′ 48″, il est revenu au même point du ciel que l'étoile, laquelle a passé une fois de plus au méridien. Le mouvement annuel, qui se fait d'occident en orient, est donc contraire au mouvement diurne, au mouvement commun de tout le ciel, qui se fait vers l'occident, et que nous avons expliqué en commençant.

La trace du mouvement annuel est un cercle appelé *écliptique*, qui coupe l'équateur en deux points, mais qui s'en éloigne de 23° 28′ au nord et au midi. L'écliptique est la route apparente et annuelle du Soleil; mais on remarque qu'il y a deux jours dans l'année, éloignés de six mois l'un de l'autre, où le Soleil se trouve avoir 57° de hauteur méridienne, et on appelle ces deux jours les *équinoxes*, parce que le Soleil décrit l'équateur, et est 12 heures au-dessus de l'horizon et 12 heures au-dessous: l'un est appelé *équinoxe du printemps*, et l'autre *équinoxe d'automne*.

Les points de l'écliptique dans lesquels le Soleil se trouve lorsqu'il est le plus éloigné de l'équateur ont été nommés *solstices*, parce que le Soleil semble être quelques jours stationnaire avant de rétrograder vers l'équateur ; c'est ce qui arrive vers le 21 juin et le 21 décembre.

Telle est la route apparente tracée dans le ciel par le Soleil observé de la Terre. Si nous étions placés dans Mercure, son mouvement nous semblerait quatre fois plus rapide, et il ne répondrait plus aux mêmes étoiles, tandis que dans Jupiter nous ne le verrions achever sa révolution que dans un laps de temps douze fois plus long.

Si le Soleil ne se meut pas autour de la Terre, il ne faut pas cependant croire qu'il soit immobile dans l'espace. Les taches qu'on observe à sa surface ont servi à calculer qu'il tourne sur lui-même en 25 j. 1/2; et comme un corps ne tourne point sur son axe sans avancer, on doit supposer que le Soleil a un mouvement de translation. Des observations, qui demanderaient d'être continuées pendant des siècles pour être soumises au calcul, indiquent qu'il est emporté dans l'espace avec une étonnante rapidité, entraînant avec lui tout le système planétaire. L'accroissement sensible de la lumière des étoiles de la constellation boréale d'Hercule indique à peu près sa direction.

Nous savons que la masse du Soleil est 355,000 fois celle de la Terre; nous verrons (p. 63) comment on est parvenu à calculer que son diamètre est 112 fois celui de notre planète, et son volume 1,400 mille fois plus considérable.

Le diamètre apparent du Soleil varie dans le cours de l'année; mais cette variation provient de ce que la distance de la Terre change suivant les différents points de son orbite, qui n'est pas un cercle, mais une ellipse dont le Soleil occupe un des foyers.

Le Soleil transmet sa lumière à la Terre en 8'. Voici l'observation qui a amené cette belle découverte de la rapidité de la lumière. Lorsque le premier satellite de Jupiter (*Voy.* p. 43) passe dans l'ombre de cette planète, il s'éclipse pour reparaître ensuite au delà, et on sait que cette éclipse a lieu toutes les 42 h. 29'. Si la propagation de la lumière était instantanée, le temps qui sépare les deux éclipses serait toujours de 42 h. 29'; mais il n'en est pas ainsi. Si Jupiter est en opposition avec le Soleil, c'est-à-dire si Jupiter, la Terre et le Soleil sont sur une même ligne, et qu'on observe une *immersion* (commencement d'une éclipse) du premier satellite, on trouve que chacune des suivantes retarde de plus en plus à mesure que la Terre s'éloigne du Soleil, et ces retards accumulés jusqu'à la *conjonction* (c'est-à-dire jusqu'à ce que la Terre soit de l'autre côté du Soleil, à l'égard de Jupiter) iront à 16'26". La terre continuant son cours et se rapprochant de Jupiter, l'instant de l'immersion avancera au contraire de plus en plus; il y a compensation au retour de l'opposition et il se sera écoulé depuis la première éclipse précisément autant de fois 42 h. 29' qu'il y aura eu de révolutions du satellite. Mais comme les immersions du satellite ont toujours lieu après le même laps de temps écoulé, la somme des différences 16'26", entre le moment où la Terre est le plus près de Jupiter et celui où elle en est le plus éloignée, est donc le temps que met la lumière à traverser l'écliptique, dont le diamètre égale deux fois la distance du Soleil, ce qui donne 8'13" pour le temps qu'elle met à nous venir du Soleil.

DES PLANÈTES EN GÉNÉRAL.

Deux planètes, Mercure et Vénus, sont appelées *inférieures*, parce que leurs orbites se trouvent placées entre la Terre et le centre commun. Mars, Jupiter et toutes les autres planètes sont appelées *supérieures*, parce que leurs mouvements se font dans des orbites placées au delà de l'orbe terrestre.

Les mouvements de tous ces corps se font tous d'occident en orient, dans une zone de la sphère céleste que l'on nomme *Zodiaque*, et dont la largeur est divisée en deux parties égales par l'écliptique.

Indépendamment de leur mouvement elliptique, les

planètes ont un mouvement de rotation sur leur axe, semblable à celui de notre globe, qui les renfle à l'équateur et les aplatit aux pôles. Ce mouvement de rotation n'est point causé par l'attraction; il est indépendant du mouvement de révolution, quant à sa vitesse et à sa direction, et reste toujours parallèle à lui-même.

Bernouilli a calculé que la force de projection qui lança les planètes dans l'espace a frappé la terre, non pas précisément à son centre, mais à 1/150e du rayon de l'autre côté du Soleil, ce qui produisit le mouvement de rotation sur son axe. Pour Mars, il trouva 1/418, pour Jupiter 7/19. Si l'impulsion primitive eût été appliquée à une plus grande distance de chaque centre, le mouvement de rotation serait plus rapide; si elle eût été donnée dans un point situé de l'autre côté, la direction de l'axe de rotation serait différente.

On appelle *Satellites* des planètes secondaires qui tournent autour des planètes principales; elles n'ont que deux mouvements : le mouvement autour de la planète dont elles dépendent, et le mouvement autour du Soleil : quant au mouvement sur leur axe, il n'existe point, ainsi que nous allons essayer de le prouver.

Les satellites sont emportés dans l'espace de manière que tous les points de leur diamètre, perpendiculaire à la planète principale, tracent des cercles parallèles à la circonférence de cette même planète. Ils tournent dans leur orbite, en présentant, il est vrai, à la planète qui les régit toujours le même hémisphère, comme la boule d'un bilboquet, dont la corde tendue serait attachée à un point fixe, tournerait autour du centre, en lui montrant toujours le même côté, et cependant *ne tournerait point sur son axe*. Cette théorie nouvelle est différente de celle de l'illustre Laplace, mais elle nous paraît d'une simplicité claire qui est le cachet indubitable de la vérité.

Les révolutions périodiques des planètes, ou les temps qu'elles emploient à revenir au même point du ciel, se déterminent en observant leur retour à la même étoile.

Mercure et Vénus tournent autour du Soleil en moins

de temps que la Terre; dès lors quand elles sont au delà du Soleil elles paraissent aller, comme elles vont en effet, d'occident en orient; mais quand elles sont entre la Terre et le Soleil comme elles vont plus vite que la Terre, elles semblent rétrograder et aller au contraire d'orient en occident. Entre le mouvement direct et le mouvement rétrograde il y a nécessairement un instant où la planète paraît stationnaire, les rayons visuels sont alors parallèles entre eux, et la planète paraît quelque temps répondre aux mêmes étoiles; à l'égard des planètes supérieures on peut appliquer le même raisonnement, en considérant la Terre comme planète inférieure par rapport à elles : car toutes les fois qu'une planète voit changer l'autre de direction, il en est de même de celle-ci relativement à la première.

MERCURE.

Mercure est la planète la plus voisine du Soleil, elle n'en est qu'à 13,453,000 lieues, et ne s'en écarte jamais de plus de 27°, soit à l'ouest, soit à l'est; on ne la voit que le matin avant le lever du Soleil, ou le soir dans la lumière du crépuscule. Aussi les circonstances favorables à l'étude de sa constitution se présentent-elles fort rarement. Les passages de Mercure sur le Soleil ont permis de mesurer son diamètre, qui est de 1,247 lieues. Il accomplit sa révolution en 88 jours, et tourne sur son axe en 24 h. 5'. Son volume est 1/17 de celui de la Terre : la lumière y est sept fois plus vive et la chaleur sept fois plus considérable que celles de nos étés les plus sereins et les plus brûlants. Vu dans de fortes lunettes il présente des phases analogues à celles de la Lune et dirigées comme elles vers le Soleil.

VÉNUS.

Vénus est la plus brillante de toutes les planètes : on la voit même quelquefois en plein jour, comme cela est arrivé en 1849. La durée de son apparition n'est que de 3 à 4 heures par jour, soit le matin vers l'orient, soit le soir vers l'occident. Elle offre les mêmes apparences que Mercure, mais avec des phases plus sensibles. Les cornes du croissant ont des formes très-variées : rarement elles se terminent en pointes aiguës, et on conclut de ces apparences que Vénus a une atmosphère et des montagnes élevées : c'est vers son quartier où son éclat est le plus vif, et non lorsqu'elle est pleine ; car alors elle se trouve de l'autre côté du Soleil et est infiniment plus éloignée de la Terre. Elle fait sa révolution autour du Soleil en 224 j. 16 h., et sa distance à cet astre est de 25 millions de lieues. Dans les circonstances favorables on aperçoit sur la surface de la planète des taches qui paraissent invariables comme celles de la Lune. L'observation de ces taches prouve que Vénus a un mouvement de rotation dont la durée est de 23 h. 21'. Le diamètre de Vénus est presque celui de la Terre. Vénus et Mercure n'ont point d'aplatissement sensible.

LA TERRE.—SES MOUVEMENTS.

La Terre est la troisième planète suivant l'ordre des distances. Elle est soumise à cinq mouvements principaux.

1° Le *mouvement diurne* ou *autour de son axe*, lequel, à l'équateur, est de 375 lieues par heure, puisqu'elle présente au Soleil en 24 h. sa circonférence, qui est de 9,000 lieues. Nous disons à l'équateur, car on conçoit que dans une sphère qui tourne sur son axe le mouvement est d'autant moins rapide qu'on se rapproche plus des pôles, où il devient nul. Ce mouvement occasionne la succession du jour et de la nuit, dont l'inégalité tient à l'inclinaison de l'axe de la terre sur le plan de l'écliptique. Il s'exécute en 23 h. 56' 4'' 09 ; car comme la Terre marche dans son orbite en même temps qu'elle tourne sur son axe, il se passe près de 4'' avant qu'elle présente au Soleil le même point de sa surface.

2° Le *mouvement autour du Soleil* ; il se fait en 365 j. 5 h. 48' 48'', et amène la succession périodique des saisons, due à ce que l'axe de la Terre étant incliné de 23 degrés et demi sur la perpendiculaire au plan de son orbite, les deux tropiques reçoivent tour à tour les rayons perpendiculaires du Soleil.

3° Le *mouvement des points de l'aphélie et du périhélie* autour de l'écliptique, qui est de près de 21,000 ans: ce mouvement change lentement la durée des saisons. En voici l'explication. Nous savons que les planètes se meuvent dans des ellipses dont le Soleil occupe un des foyers. Le lieu de l'écliptique où la Terre est le plus près du Soleil se nomme *périhélie*, celui où elle en est le plus éloignée *aphélie*: la ligne qui joint ces deux points est le grand axe de l'ellipse et s'appelle *ligne des apsides*. Les points de périhélie et d'aphélie ne sont pas stationnaires ; ils avancent dans l'ordre des signes de 1′ 2″ par an, de 30° en 1,744 ans, et font le tour entier de l'écliptique en 20,931 ans. Ce mouvement est attribué à l'action de Jupiter et de Vénus.

La mobilité de l'ellipse terrestre étant reconnue, on a pu calculer l'époque où le grand axe a coïncidé avec la ligne des équinoxes, et dans un autre temps lui a été perpendiculaire. Ce dernier phénomène est arrivé vers l'an 1250 de notre ère; alors le périhélie coïncidait avec le solstice d'été; le printemps était égal à l'été et l'automne à l'hiver. Le nombre d'années auxquelles il faut remonter pour trouver l'époque où le grand axe a dû coïncider avec la ligne des équinoxes reporte ce phénomène à 4,000 ans avant notre ère. Dans ce siècle la ligne des apsides coupe celle des équinoxes de manière que les arcs que décrit l'écliptique et qui correspondent aux saisons sont inégaux : les saisons se partagent ainsi l'année:

Le printemps. .	92 j.	906	L'automne . . .	89 j.	700
L'été	93	566	L'hiver.	89	670

Tant que le périhélie restera du côté de l'équateur où il est maintenant, le printemps et l'été pris ensemble seront plus longs que l'automne et l'hiver. Ces intervalles deviendront égaux vers l'an 6463, lorsque le périhélie atteindra l'équinoxe du printemps.

Le mouvement des apsides n'a pas pour effet principal de faire varier la durée des saisons; son influence a dû changer périodiquement l'aspect physique de la Terre.

Lorsque la Terre est dans son périhélie elle est d'un demi-million de lieues moins éloignée du Soleil que dans son aphélie : alors l'action solaire ou la force centripète est augmentée d'un cinquième, et pour la neutraliser le mouvement orbiculaire fait décrire à la Terre 61′ par jour au lieu de 57′, qui est son mouvement dans l'aphélie, ou bien au lieu de 59′, qui est son mouvement moyen. Cette augmentation doit nécessairement produire une réaction dans les eaux et accumuler un corps de fluide vers le parallèle de la Terre au-dessus duquel tend la direction de ces forces, et il en est résulté que dans ce siècle le pôle méridional se trouve environné d'une masse d'eau si étendue qu'à partir du quarantième degré de latitude méridionale elle n'a laissé à découvert aucune surface de terre un peu considérable dans l'hémisphère sud. Cet effet continuera jusqu'en 6483, où le périhélie coïncidera avec l'équinoxe du printemps comme il a coïncidé 10,466 ans auparavant avec l'équinoxe d'automne, puis il passera du sud au nord et y produira des effets analogues à ceux qu'il exerce maintenant sur l'hémisphère sud. La disparition des terres australes, les traditions indiennes, chaldéennes et égyptiennes viendraient à l'appui de cette théorie si le calcul mathématique du mouvement des apsides ne rendait pas superflues ces sortes de preuves.

4° Le *mouvement progressif*, qui amène la diminution de l'obliquité de l'écliptique : il est de 52″ par siècle, environ un degré en 6,700 ans. Ce mouvement rapproche les tropiques, qui étaient probablement autrefois beaucoup plus éloignés l'un de l'autre. On a cru longtemps que cette diminution pouvait par la suite amener l'écliptique à coïncider avec l'équateur et faire régner pendant plusieurs siècles une continuité de mêmes saisons sur toute la Terre; mais des calculs nouveaux semblent indiquer que l'augmentation ou la diminution de l'obliquité de l'écliptique n'est que l'effet d'un mouvement libratoire inscrit dans un angle de trois degrés. Si ce mouvement de l'écliptique était constant, il faudrait qu'il s'écoulât plus de 600,000 ans avant qu'il eût accompli sa révolution en faisant passer tous les points de la Terre sous l'équateur céleste : ce qui pourrait expliquer pourquoi on trouve si loin de la mer et sur les montagnes des pétrifications marines, et dans des régions glacées des plantes gigantesques et des animaux pétrifiés, qui aujourd'hui ne pourraient y exister et qui ont même disparu du globe.

5° Un autre mouvement de la Terre est celui qui produit la *précession des équinoxes*, et qui semble faire décrire aux Étoiles, dans le même sens que le Soleil et en 26 mille ans, des cercles parallèles à l'écliptique. Nous allons expliquer ce mouvement en parlant du Zodiaque.

Le *Zodiaque* est une large zone circulaire à laquelle on donne environ 18 degrés de largeur, et dont l'écliptique occupe le milieu. C'est dans le plan de cette zone que sont placées les orbites de presque toutes les planètes. Il est divisé en douze parties qu'on nomme *signes*. Ces signes prennent les noms des constellations qui autrefois correspondaient à chacun d'eux : car le zodiaque est immobile; mais les Étoiles ont un mouvement apparent de l'ouest à l'est parce qu'on les rapporte aux points équinoxiaux, c'est-à-dire aux points où l'équateur coupe l'écliptique, et ces points équinoxiaux ont un mouvement d'orient en occident, ce qui est cause que les constellations du zodiaque ne répondent plus à leurs signes. Ce mouvement rétrograde se nomme la *précession des équinoxes*, parce qu'il fait arriver la révolution *tropique* ou plutôt *équinoxiale* de la Terre 20′25″ avant la révolution *sidérale* (V. p. 33). Cette révolution du ciel s'achève en 25,872 ans, ce qui fait environ 51″ par an, ou un degré en 71 ans : de sorte que le signe du Bélier, qui est l'équinoxe du printemps, se trouve dans la constellation des Poissons et très-près de celle du Verseau.

La cause qui produit la précession des équinoxes est attribuée à l'action combinée du Soleil et de la Lune sur le sphéroïde terrestre, qui à raison de son renflement équatorial, éprouve un effet par lequel la ligne de section de l'équateur avec l'écliptique change lentement de 51″ par an contre l'ordre des signes.

6° La terre a encore un autre petit mouvement qu'on appelle *nutation*, en vertu duquel l'axe terrestre s'incline tantôt plus, tantôt moins vers l'écliptique. Cette nutation vient de la figure de notre planète, qui n'est pas entièrement sphérique, et sur laquelle l'action de la Lune et celle du Soleil sont un peu différentes, selon les situations où ces deux astres se trouvent par rapport à nous. Bradley est le premier qui ait observé ce mouvement, qui s'accomplit en 19 ans, temps de la révolution complète des nœuds de la Lune.

MESURE DE LA TERRE.

L'observation de la hauteur du pôle, ou celle de la hauteur du Soleil à la même époque de l'année, faite dans différents pays en allant du sud au nord, avait prouvé de temps immémorial que la Terre était ronde. Plus tard on se servit du même moyen pour connaître sa grandeur en en mesurant une partie. Par exemple, on remarqua qu'une étoile qui passait à Paris au zénith à minuit précis, observée à Amiens, qui est précisément au nord de Paris, était abaissée d'un degré, ou que le Soleil à midi y est d'un degré plus bas qu'à Paris; c'est une preuve que la Terre a un degré de courbure depuis Paris jusqu'à Amiens. Or cette distance, mesurée avec exactitude, est de 25 lieues; donc un degré de la Terre, ou la 360e partie de sa circonférence, a 25 lieues d'étendue, d'où il résulte que la circonférence entière est de 25 fois 360, ou de 9000 lieues.

Cette mesure des degrés terrestres n'est pas cependant en tous lieux de la même longueur; déjà on avait pressenti que la force centrifuge avait dû produire un renflement à l'équateur et aplatir les pôles. Pour vérifier cette théorie on alla mesurer un degré de la terre au Pérou et un autre à Tornéo en Suède, et il fut constaté que le degré mesuré vers le nord était de 1,344 mètres plus long que celui mesuré sous l'équateur : ce qui confirma que la Terre était aplatie aux pôles. Les calculs récents donnent pour mesure de cet aplatissement un 305e. Le renflement à l'équateur est encore prouvé par la nécessité où l'on est dans ces régions de diminuer la longueur du pendule pour obtenir le même nombre de vibrations dans un temps donné : ce qui démontre qu'on est à une plus grande distance du centre de la Terre et que les pôles sont aplatis; résultats qui ne peuvent provenir que du mouvement de rotation.

Des latitudes.—La hauteur du pôle est égale à la latitude du lieu; car la latitude n'est autre chose que la distance d'un pays à l'équateur terrestre, ou la distance de son zénith à l'équateur céleste. Sous l'équateur, où la latitude est nulle, les pôles célestes sont à l'horizon : si l'on avance d'un degré vers le pôle nord, par exemple, l'étoile polaire paraîtra élevée d'un degré; si l'on avance de 10°, le pôle s'élèvera de cette hauteur, et ainsi en partant de l'équateur le pôle s'élévera d'autant de degrés qu'on s'en sera éloigné : l'élévation du pôle est donc égale à la latitude ou à l'éloignement de l'équateur.

L'équateur partageant la Terre, les degrés de latitude se comptent de deux manières : si l'on s'est dirigé vers le pôle sud, la latitude est dite *australe;* si c'est vers le pôle nord, elle est *boréale.*

Des longitudes. — Après avoir mesuré la distance de l'équateur aux pôles sous le nom de latitudes, il a été nécessaire de mesurer les distances dans l'autre sens, c'est-à-dire d'occident en orient, et on les a appelées *longitudes*, parce que la longueur des pays connus au temps des anciens géographes était plus grande dans ce sens-là que du midi au nord. Pour mesurer les longitudes on conçoit plusieurs lignes courbes perpendiculaires à l'équateur et passant par les pôles : ce sont les méridiens terrestres : on les appelle ainsi parce que, lorsque la Terre, par son mouvement sur son axe, présente une de ces lignes au Soleil, cet astre est alors à son plus haut point pour tous les pays qui sont situés sur cette même ligne. Les *degrés de longitude* sont d'autant plus courts qu'on se rapproche plus des pôles : on peut s'en convaincre en voyant sur les mappemondes les lignes méridiennes se rapprocher jusqu'à ce qu'elles se confondent aux pôles en un seul point.

Le premier méridien est une chose arbitraire parce que, d'une manière absolue, il n'y a ni orient ni occident : il y a à chaque instant un lieu de la Terre où le Soleil se lève et un autre où il se couche. La plupart des astronomes et des géographes comptent la longitude à partir du méridien de leur capitale. En France nous la comptons à partir de Paris. Si une ville est à l'ouest de Paris, on dira que sa longitude est occidentale; si au contraire elle est à l'est, on dira que sa longitude est orientale.

La circonférence de la Terre étant de 360°, comme elle tourne sur son axe de l'est à l'ouest en 24 heures, elle parcourt 15° par heure, car 24 fois 15 font 360; ainsi toutes les villes dont le méridien sera à 15° à l'orient du méridien de Paris auront midi une heure avant Paris. En continuant toujours d'avancer vers l'orient, on gagnerait donc une heure par 15°, ou 4 minutes de temps pour un degré; car puisqu'il y a 60 minutes dans une heure, si nous divisons ces 60 minutes en 15, qui est le nombre de degrés pour une heure de temps, nous trouverons 4, qui est le nombre de minutes de temps pour un degré de longitude.

Les longitudes se trouvent au moyen des éclipses. Supposons qu'une éclipse ait été observée à Paris à minuit, et aux Indes à six heures du matin ; on est sûr que la différence de ces deux méridiens est de 6 heures , ou de 90°. Mais comme les éclipses sont rares et que les navigateurs ont besoin de connaître continuellement la longitude du lieu où ils sont, ils examinent la situation de la Lune à une heure donnée relativement aux Étoiles, puis ils consultent les tables calculées d'avance, et de la différence en plus ou en moins ils concluent exactement la longitude. On peut même se passer de la Lune si l'on a une montre marine qui marque toujours exactement l'heure qu'il est au lieu d'où l'on est parti. En effet, si l'on est parti d'un port quelconque, ayant réglé sa montre sur le méridien du lieu, et qu'après avoir navigué plusieurs jours on observe le moment où le Soleil passe au méridien et qu'on trouve que la montre avance de 1 h. 4', c'est une preuve qu'on a avancé de 16° en longitude, puisque le Soleil parcourt un degré en 4 minutes.

La longitude sert à déterminer la position d'un lieu quelconque de l'orient à l'occident, et la latitude à déterminer la position de ce même lieu dans le sens des pôles, et cette double observation suffit pour connaître exactement la situation de ce point sur le globe.

Des zones.—La direction des rayons du Soleil sur la Terre a conduit naturellement à la diviser en cinq zones ou bandes circulaires, dont celle du milieu est la *zône torride;* les deux qui sont comprises entre les tropiques et les cercles polaires s'appellent *zones tempérées*, et celles qui se trouvent entre ces derniers cercles et les pôles, *zones glaciales*. La largeur de la première zone est de 46° 56', dont 23° 28' de chaque côté de l'équateur, qui la partage en deux parties égales. Les peuples situés dans cette zone, immédiatement sous l'équateur, ont les deux pôles à l'horizon; ils voient tous les astres se lever et se coucher; leurs jours sont égaux; le Soleil passe deux fois par an à leur zénith, et cet astre est six mois à leur droite et six mois à leur gauche. Ceux qui sont entre l'équateur et les tropiques ont un des pôles élevé sur l'horizon: c'est pour cela qu'ils ne voient pas toutes les parties du ciel se lever et se coucher comme sous l'équateur; leurs nuits et leurs jours sont inégaux, excepté aux équinoxes.

Les zones tempérées ont chacune 43° 44' de largeur; le Soleil n'y est jamais vertical, et l'inégalité des jours devient d'autant plus considérable que les climats sont plus voisins des cercles polaires.

Les zones glaciales sont les segments de la surface de

notre globe qui comprennent les deux pôles, et qui sont terminés par les cercles polaires. Leur distance aux pôles est de 23° 28′. Il y a en été plusieurs jours sans nuit, et en hiver plusieurs nuits sans jour. Plus on approche des pôles, plus on remarque cette différence.

Nous donnons ici un petit tableau qui indique les plus longs jours aux diverses latitudes du globe.

Latitude.	Plus longs jours	Latitude.	Plus longs jours	Latitude.	Plus longs jours
0° 00′	12 heu.	58° 29′	18 heu.	66° 31′	24 heu.
16 25	13 »	61 18	19 »	67 21	1 mois
30 25	14 »	63 22	20 »	69 48	2 »
41 22	15 »	64 49	21 »	75 20	3 »
49 1	16 »	65 42	22 »	78 30	4 »
54 27	17 »	66 20	23 »	84 5	5 »

Aux pôles l'année est composée d'un jour et d'une nuit de six mois.

Des années civile, tropique et sidérale.—L'année *civile* ne comprenait d'abord que 365 jours, tandis que *l'année tropique*, c'est-à-dire le retour de la Terre au même point de son orbite, tel qu'un équinoxe, un solstice, est de 365 jours 5 heures 48′ 48″, et cette différence produisit avec le temps une accumulation de jours qui avait transposé le commencement de l'année hors de son vrai lieu. Pour remédier à ces inconvénients, depuis 1582 on ajoute à l'année civile un jour tous les quatre ans, et cette année s'appelle *bissextile;* mais comme il manque à l'année tropique 11′ 12″ pour avoir 365 jours 6 heures, on est obligé de supprimer trois bissextiles en quatre siècles.

L'année sidérale, temps du retour du soleil à une

même étoile, est de 365 jours 6 heures 9′ 12″. La raison de l'excès de l'année sidérale sur l'année tropique vient de ce que le Soleil étant de retour à l'équinoxe, il s'en faut de 51″ 1 qu'il réponde au même point du ciel. Ainsi, dans le cours de l'année tropique, c'est-à-dire en 365 jours 5 heures 48′ 48″, le Soleil n'a pas parcouru 360°, mais seulement 359° 59′ 9″ 1, et il lui faut encore 21′ de temps pour parcourir encore 51′ de degré.

De la réfraction. — On appelle réfraction le détour que prennent les rayons de lumière qui viennent des astres jusqu'à nous. L'observateur, qui n'aperçoit les objets que dans la direction de la tangente à la courbe qu'ils décrivent, les voit plus élevés qu'ils ne le sont réellement, et les astres paraissent sur l'horizon alors même qu'il sont abaissés au-dessous. En infléchissant les rayons du Soleil l'atmosphère nous fait jouir de sa présence 3 ou 4 minutes après qu'il est descendu sous l'horizon ou avant qu'il y soit arrivé.

Une expérience bien simple peut servir à constater la réfraction des rayons lumineux en passant au travers d'un corps transparent plus ou moins dense. Si l'on place une pièce de monnaie dans un vase de manière que le bord du vase empêche de la voir, qu'on reste immobile, et qu'une autre personne remplisse le vase d'eau, on apercevra alors la pièce de monnaie qu'on ne voyait pas; les rayons lumineux partant en ligne droite de la pièce se seront rompus en passant de l'eau dans l'air pour venir se peindre à notre œil. — Le crépuscule est un effet de la réfraction atmosphérique ; il nous procure un passage graduel de la lumière aux ténèbres et de la nuit au jour. L'aurore commence et le crépuscule du soir finit quand le Soleil est à 18° au-dessous de l'horizon. — La réfraction est en raison de l'obliquité des rayons : la plus grande de toutes est à l'horizon; elle est évaluée à 33′ de degré, c'est-à-dire que les astres sont encore de 33′ au-dessous de l'horizon lorsque nous commençons à les apercevoir; mais elle décroît graduellement jusqu'au zénith, où elle devient nulle, parce que le rayon est perpendiculaire à la surface qui sépare les deux milieux.

DE LA LUNE.

La Lune est après le Soleil le plus remarquable de tous les astres ; son mouvement vrai est le plus prompt de tous ceux qu'on observe dans le ciel. Tous les mois elle change de figure et fait le tour de la Terre dans un sens contraire à celui du mouvement général; et tandis que chaque jour la Lune paraît se lever et se coucher comme les autres astres, en allant d'orient en occident, elle retarde et semble rester en arrière des Étoiles ou reculer vers l'orient. Le mouvement particulier par lequel la Lune se retire peu à peu vers l'orient, dans le même temps qu'elle va comme les autres astres vers le couchant, s'appelle le mouvement propre ou périodique. Il est très-sensible puisque dans l'espace de 27 jours la Lune fait le tour de la Terre à contre-sens du mouvement diurne.

Les phases de la Lune sont des phénomènes sensibles à tous les yeux. Après avoir paru pendant toute la nuit sous une forme ronde et brillante, que nous appelons la *pleine lune*, elle perd peu à peu sa lumière et sa largeur, se lève plus tard et ressemble à un cercle dont on aurait coupé la moitié ; elle est en *quartier* ou *quadrature*, étant à 90° du Soleil. Quelques jours après, continuant de se rapprocher du Soleil, ce n'est plus qu'un croissant qui paraît le matin à l'orient avant que le Soleil se lève, les cornes vers le haut, opposées au Soleil ; mais bientôt, diminuant de grandeur et de lumière, elle se perd dans les rayons du Soleil et disparaît totalement : c'est la *nouvelle lune* ou *conjonction.*

La Lune, après avoir disparu pendant trois ou quatre jours, reparaît le soir à l'occident après le coucher du Soleil, sous la forme d'un filet de lumière ou d'un croissant dont les pointes sont toujours vers le haut et à l'opposé du Soleil. En continuant de s'avancer vers l'orient et de s'éloigner du Soleil, elle augmente de grandeur et de lumière, et on la voit plus longtemps. Au bout de quatre jours elle est comme un demi-cercle ; elle est alors dans son premier quartier. Enfin sept à huit jours après elle brille dans toute sa largeur, parce que le Soleil l'éclaire en face de nous et non de côté ; elle se lève quand le Soleil se couche et passe au méridien à minuit : c'est le jour de la *pleine-lune* ou de *l'opposition*. Les conjonctions et les oppositions s'appellent *syzygies*.

La révolution de la Lune autour de la Terre, qui occupe le foyer de son ellipse, est ou *sidérale*, ou *périodique*, ou *synodique*.

On entend par révolution sidérale le retour de la Lune à une même étoile ; sa durée est de 27 j. 7 h. 43′ 11″.

La révolution périodique a rapport aux équinoxes ; sa durée est un peu moindre que la précédente à cause du mouvement rétrograde des points équinoxiaux : aussi la Lune achève-t-elle cette révolution en 27 j. 7 h. 43′ 4″.

La révolution synodique, c'est-à-dire le retour de la Lune, vue de la Terre, au Soleil, est de 29 j. 12 h. 44′ 2″9. Ce qui rend cette révolution plus grande que les précédentes, c'est que tandis que la Lune s'avance d'occident en orient, la Terre se meut aussi dans le même sens, de sorte que quand la Lune est revenue au point de son orbite d'où elle était partie, elle a encore un peu de chemin à faire avant de se retrouver en conjonction avec le Soleil. Ce chemin est égal à celui qu'a parcouru la Terre en s'avançant vers l'orient ; et lorsque la Lune a atteint le Soleil il y a plus de deux jours qu'elle a fini sa véritable révolution.

L'orbe de la Lune est incliné de 5° 7′ à l'écliptique : ses points d'intersection avec elle, que l'on nomme *nœuds*, ne sont pas fixes dans le ciel ; ils ont un mouvement rétrograde ou contraire à celui de la Lune. On appelle *nœud ascendant* celui dans lequel la Lune s'élève au-dessus de l'écliptique vers le pôle boréal, et *nœud descendant* celui dans lequel elle s'abaisse au-dessous du pôle austral.

L'inspection des taches du disque de la Lune fait reconnaître que l'hémisphère qui nous regarde est toujours le même, et on en a conclu qu'elle tournait sur son axe précisément dans le même espace de temps qu'elle accomplit sa révolution autour de la Terre. Cette coïncidence parfaite serait vraiment étrange, et nous croyons devoir reproduire ici sous une autre forme l'argument que nous avons déjà employé.

La Lune tourne tout d'une pièce autour de la Terre en lui présentant toujours le même côté, dominé qu'il est par la force attractive de cette planète. Une expérience puérile convaincra de la vérité de cette assertion :

Faites entrer une des branches d'un compas dans une orange, fixez la pointe de l'autre branche du compas, et décrivez un cercle, et vous verrez que l'orange immobile sur son axe présentera toujours le même côté au centre autour duquel elle aura tourné: elle n'aura qu'un seul mouvement, le mouvement circulaire tout d'une pièce, comme une roue enrayée glisse sur le sol sans pouvoir tourner.

Mais si le mouvement périodique de la Lune fait qu'elle présente à la Terre toujours le même hémisphère, par la même raison dans le même espace de temps elle découvre au Soleil tous les points de sa surface. Quand elle est au delà de la Terre, c'est le côté que nous voyons qui est éclairé par le Soleil ; quand elle est à 90° du Soleil, c'est la moitié du côté que nous voyons habituellement et la moitié de celui que nous ne voyons point qui reçoit sa lumière, et lorsqu'elle est entre nous et le Soleil c'est l'hémisphère que nous ne voyons jamais qui est éclairé à son tour. On infère de là qu'un habitant de la Lune n'a qu'une nuit et un jour pour chaque révolution synodique, de même il n'aura jamais la vue de la Terre s'il se trouve dans l'hémisphère qui nous est inconnu; au contraire, pour la face qui nous regarde les phases terrestres changeront graduellement et à vue dans une seule de leurs nuits de 15 fois 24 heures. La clarté solaire disparaissant sera aussitôt remplacée par celle que réfléchira la Terre paraissant en croissant, augmentant, devenant pleine, décroissant et disparaissant enfin au moment où le Soleil se lèvera au côté opposé. Notre globe doit y être vu avec une surface 13 fois plus grande que la Lune ne nous paraît, et réfléchissant 13 fois plus de lumière.

On voit distinctement après la nouvelle lune que le croissant qui en fait la partie lumineuse est accompagné d'une faible lumière répandue sur le reste du disque, et qui nous fait entrevoir toute la rondeur de la Lune : c'est la *lumière cendrée:* ce phénomène est dû à la répercussion de la lumière du Soleil par la Terre sur la Lune, qui est, avons-nous dit, 13 fois plus intense que celle de la Lune.

La lumière de la Lune n'est accompagnée d'aucune chaleur. Plusieurs expériences faites avec des miroirs ardents de la plus grande force n'ont produit aucun effet sur les thermomètres les plus sensibles.

Jusqu'ici on n'a point découvert d'atmosphère sensible dans la Lune; mais les télescopes ont fait reconnaître que sa circonférence est couverte d'aspérités, et la proportion de ces aspérités avec le diamètre de l'astre a démontré qu'il y existe de hautes montagnes. Enfin on a remarqué sur son disque des points lumineux, qui ont même été aperçus pendant les éclipses de Soleil, lorsque la face que la Lune nous présente est directement opposée à cet astre. Ces circonstances indiquent que les points dont il s'agit sont lumineux par eux-mêmes. Il est donc possible que ce soient des volcans qui aient des intermissions comme ceux du Vésuve et de l'Etna.

Nous verrons, page 58, comment on est parvenu à mesurer la distance de la Lune à la Terre, qui est de 85,000 lieues.

Des marées.—Après avoir traité de la Lune, nous croyons devoir parler des marées, puisqu'elles sont produites principalement par l'attraction de la Lune sur les mers qui recouvrent les trois quarts de la surface du globe.

Il y a dans les marées trois phénomènes principaux. Le premier revient deux fois par jour, le second deux fois par mois, le troisième deux fois l'année. Tous les jours, quelque temps après le passage de la Lune au méridien, on voit les eaux de la mer se soulever pendant 6 heures et envahir les rivages jusqu'à une hauteur considérable : la mer devient ensuite stationnaire; bientôt elle redescend pendant 6 heures pour remonter de nouveau lorsque la Lune passe à la partie inférieure du méridien ; en sorte que la haute mer et la basse mer, le *flot* et le *jusant*, s'observent deux fois le jour, et retardent de 48 minutes, plus ou moins, comme le passage de la Lune au méridien. Le second phénomène consiste en ce que les marées augmentent sensiblement au temps des nouvelles et des pleines lunes, et l'augmentation est surtout très-sensible quand la Lune est au périgée. Enfin le troisième phénomène des marées est l'augmentation qui arrive vers les deux équinoxes, en sorte que le cas où les marées sont les plus fortes de toutes est celui d'une syzygie périgée, c'est-à-dire celui où le Soleil, la Terre et la Lune sont sur une même ligne et le plus près possible.

Cette dernière observation prouve que l'action de la Lune n'est pas unique sur les marées et que la cause en réside aussi dans le Soleil. Cet astre, par son attraction sur la mer, l'élève et l'abaisse dans un jour, en sorte que le flux et le reflux solaires se renouvellent à chaque intervalle d'un demi-jour solaire. Pareillement le flux et le reflux produits par l'attraction de la Lune se renouvellent à chaque intervalle d'un demi-jour lunaire. Ces deux marées partielles se combinent sans se nuire. Lorsque deux marées coïncident, la marée composée est à son *maximum,* c'est ce qui a lieu vers les pleines et les nouvelles lunes. Lorsque la plus grande hauteur de la marée lunaire coïncide avec le plus grand abaissement de la marée solaire, la marée composée est à son *minimum*, et c'est ce qui a lieu vers les quadratures, c'est-à-dire quand le Soleil et la Lune sont éloignés de 90°. On voit ainsi que la marée totale varie avec les phases de la Lune; mais ce n'est point aux instants mêmes de la nouvelle et de la pleine lune et de la quadrature que répondent les plus grandes et les plus petites marées ; l'observation a fait connaître que les plus grandes et les plus petites marées, dans nos ports, suivent d'un jour et demi les instants de ces phases.

Ce qui semble d'abord difficile à comprendre quand on réfléchit au mouvement des marées, c'est ce double flux et reflux qui s'opère en 24 heures. Si l'on conçoit que la Lune en franchissant notre méridien puisse élever les eaux, comment arrive-t-il que 12 heures après elle puisse produire du côté où elle n'est plus un résultat semblable? Essayons, en suivant la théorie de Newton, de répondre à cette objection.

Nous savons que les lois de la pesanteur sont universelles. Si la Lune obéit sans cesse à l'attraction de la Terre qui la retient dans son orbite, elle exerce aussi sur la Terre une action qui suffit pour élever la masse des eaux tournées vers ce satellite: dans cette situation elles sont plus près de la Lune que le centre de la Terre, et le peu d'adhérence de leurs molécules leur permet de céder quelque peu à son attraction; réciproquement les eaux du côté opposé étant moins attirées que le centre du globe doivent rester en arrière, et paraissent s'élever tandis que dans les lieux qui voient la Lune à l'horizon, où la distance est de 90° au méridien, les eaux sont basses puisque celles qui s'élèvent simultanément au zénith et au nadir ne peuvent le faire qu'aux dépens des eaux qui occupent les lieux intermédiaires. On peut donc considérer les marées comme deux montagnes liquides s'élevant sur deux points opposés de la Terre, qui suivent la Lune dans sa course, et parcourent la surface de l'Océan pendant le temps, plus 48 minutes, de la rotation de la Terre sur son axe.

On a observé que le soulèvement des eaux retarde de plusieurs heures sur le passage de la Lune au méridien, et qu'elles mettent plus de temps à descendre qu'à monter. On attribue ce retard et cette irrégularité au frottement des eaux sur le fond de la mer et sur les côtes, à l'adhésion de leurs molécules et à la rotation de la Terre, qui empêchent l'écoulement instantané des marées. Quant à la différence de l'heure de la marée dans les différents ports, cela tient uniquement à la configuration des mers et des côtes.

Les marées sont peu sensibles dans les petites mers, parce que l'action de la Lune et du Soleil sur un espace couvert d'eau est d'autant plus énergique que les particules fluides sont plus nombreuses et répandues sur une plus grande surface.

Le phénomène des marées est donc venu se rattacher au grand levier qui fait mouvoir l'univers. Aujourd'hui on dresse des tables qui indiquent d'avance l'instant précis du retour d'une marée dans un port quelconque; on peut même préciser la hauteur à laquelle les eaux doivent s'élever, à moins que des circonstances passagères n'obtiennent un instant la prépondérance sur l'attraction continue de la Lune et du Soleil.

MARS.

Mars est la première des planètes supérieures; elle est éloignée du Soleil de 53 millions de lieues. La durée de sa révolution sidérale est de 687 jours. Un observateur placé dans Mars verrait le diamètre du Soleil beaucoup moins grand que nous ne le voyons: la surface de cet astre n'y semblerait que les 4/9es, et la lumière et la chaleur y doivent être dans la même proportion. Cette planète, dont le volume n'est que le 1/5e de celui de la Terre, ne se meut point exactement dans le plan de l'écliptique, elle s'en écarte quelquefois de plusieurs degrés. Les variations de son disque apparent sont fort grandes; à la conjonction il n'est que de 3″, on ne peut le voir sans lunette; à la moyenne distance au Soleil il est de 19″; mais il augmente à mesure que la planète se rapproche de son opposition, où il s'élève à 30″: dans cette position elle est très-brillante, car elle ne se trouve plus qu'à 18 millions de lieues de la Terre, tandis qu'à la conjonction elle en est à 88 millions. Ce phénomène revient tous les 2 ans et 50 jours.

On voit le disque de Mars changer de forme et devenir ovale, suivant sa position par rapport au Soleil: ces phases prouvent qu'il en reçoit sa lumière. Des taches que l'on observe à sa surface ont fait reconnaître qu'il se meut sur lui-même en 24 h. 37′ 10″. Son diamètre est un peu plus petit dans le sens des pôles que dans celui de son équateur. Suivant les mesures de M. Arago ces deux diamètres sont dans le rapport de 189 à 194.

PLANÈTES TÉLESCOPIQUES.

On appelle planètes télescopiques celles qui ne sont pas visibles à l'œil nu. Il y en a aujourd'hui neuf, savoir: *Flore, Cérès, Pallas, Junon, Métis, Vesta, Astrée, Hébé, Iris*. Ces petites planètes sont toutes placées entre l'orbe de Mars et celui de Jupiter.

Une idée de Képler fut réveillée par la découverte d'Uranus. Si l'on prend la différence entre les distances des planètes au Soleil, on observe un saut brusque entre Mars et Jupiter. Képler avait fait cette remarque parce qu'il trouvait des proportions harmoniques dans les distances des planètes, excepté entre Mars et Jupiter, où il manquait, disait-il, un accord. Quelle joie n'eût pas éprouvée ce grand homme s'il eût appris la découverte des planètes télescopiques qui viennent de remplir cette lacune.

Pour rendre l'idée de Képler d'une manière intelligible, remarquons que les distances des planètes suivent la progression des multiples de 3 en doublant toujours. Partant donc de Mercure, représenté par 4, Vénus est à 4 plus 3; pour la Terre, c'est 4 plus 2 fois 3; pour Mars, 4 plus 4 fois 3; pour Jupiter, 4 plus 16 fois 3; pour Saturne, 4 plus 32 fois 3; pour Uranus, 4 plus 64 fois 3; pour Neptune, 4 plus 128 fois 3; mais cette progression était interrompue entre Mars et Jupiter, où il manquait 8 fois 3. Cependant ces rapports ne sont pas rigoureusement exacts, comme on peut s'en convaincre en comparant la distance respective des planètes.

Ce fut la première nuit qui couvrit l'horizon de notre siècle que Piazzi découvrit la planète Cérès, entre l'orbite de Mars et celui de Jupiter. Olbers, qui découvrit ensuite Pallas, conçut l'idée que ces deux planètes étaient des fragments d'une masse plus considérable brisée en éclats par une cause quelconque : dans cette hypothèse, les deux fragments trouvés et les autres encore inconnus devaient à chaque révolution passer dans la région du ciel où l'explosion avait eu lieu. La découverte qu'il fit plus tard de Vesta a donné à son hypothèse une consistance que les découvertes ultérieures semblent confirmer. (*V.* pour les distances et le temps des révolutions de toutes ces planètes les tableaux, page 48.)

JUPITER.

Jupiter est après Vénus la plus brillante des planètes, quelquefois même il la surpasse en éclat. C'est la plus grosse de toutes : son volume est 1,414 fois plus grand que celui de la Terre ; sa distance au Soleil est de 180 millions de lieues, et il tourne sur son axe en 9 h. 56 m., ce qui est une vitesse considérable, et a produit, d'après les lois de la force centrifuge, un aplatissement de 1/18e à ses pôles. Sa révolution autour du Soleil est de 11 ans 315 jours.

On observe autour de Jupiter quatre petits satellites qui l'accompagnent sans cesse. On les voit quelquefois passer sur le disque de la grosse planète et y projeter leur ombre, qui décrit alors une corde sur ce disque : Jupiter et ses satellites sont donc des corps opaques éclairés par le Soleil. En s'interposant entre le Soleil et Jupiter, les satellites forment par leur ombre avec cette planète de véritables éclipses de Soleil, parfaitement semblables à celles que la Lune produit sur la Terre. L'observation de ces éclipses a servi de base au calcul des longitudes et de la distance de Jupiter au Soleil.

SATELLITES DE JUPITER.

DISTANCES MOYENNES, le demi-diamètre de la planète étant 1.		DURÉES des révolutions.	MASSES des satellites, celle de la planète étant l'unité.
1er Satellite.	6,0485	1j7691	0,000017
2me Satellite.	9,6235	3,5512	0,000023
3me Satellite.	15,3502	7,1546	0,000088
4me Satellite.	26,9983	16,6888	0,000043

SATURNE.

Cette planète, son anneau et ses sept satellites forment le système partiel le plus riche que nous connaissions; mais la grande distance qui nous en sépare est le principal obstacle aux progrès des connaissances que nous avons déjà sur son état physique. Sa distance moyenne au Soleil est de 332 millions de lieues, et la planète décrit cette courbe en 29 ans 5 mois et 14 jours. Les diamètres de Saturne ne sont pas égaux entre eux; celui qui se dirige dans le sens de ses pôles est plus petit de 1/11e. Cet aplatissement avait fait présumer que cette planète tournait rapidement sur son axe, ce que l'observation a confirmé : en effet, elle accomplit sa rotation en 10 h. 30 m. Vu de Saturne, le Soleil doit y paraître 90 fois moindre qu'à nous.

Saturne présente un phénomène unique dans l'univers; en effet, on le voit souvent au milieu de deux petits corps qui semblent lui adhérer, et dont la figure et la grandeur sont très-variables. En suivant avec soin ces singulières apparences, Huyghens a reconnu qu'elles sont produites par un anneau circulaire, large et mince, qui environne le globe de Saturne et qui en est séparé de toutes parts. Cet anneau, incliné au plan de l'écliptique, ne se présente jamais qu'obliquement à la Terre sous la forme d'une ellipse qui se rétrécit de plus en plus à mesure que le rayon visuel mené de Saturne à la Terre s'abaisse sur le plan de l'anneau, dont l'arc extérieur finit par se cacher derrière la planète, tandis que l'arc intérieur se confond avec elle. Alors on ne distingue plus que les parties de l'anneau qui s'étendent de chaque côté de Saturne : ces parties diminuent peu à peu de largeur et disparaissent quand la Terre est dans le plan de l'anneau, dont l'épaisseur est trop mince pour être aperçue. L'anneau disparaît encore lorsque le Soleil, venant à rencontrer son plan, n'éclaire que son épaisseur. Il continue d'être invisible tant que son plan se trouve entre le Soleil et la Terre, et il ne reparaît que lorsque le Soleil et la Terre se trouvent du même côté de ce plan, en vertu des mouvements respectifs de Saturne et de la Terre.

L'anneau tourne autour du même axe que Saturne, et dans le même espace de temps ; sa largeur ne peut être évaluée que par approximation : on la croit de 1″, ce qui à cette distance répond à 1,500 lieues. Cet anneau est isolé, et laisse un espace vide entre lui et Saturne, à travers lequel on peut distinguer les petites étoiles qui sont au delà. L'anneau est lui-même formé de deux anneaux concentriques, détachés l'un de l'autre, qui tournent ensemble quoique séparés par un vide qu'on y aperçoit sous la forme d'une ligne noire et circulaire.

Au spectacle extraordinaire et ravissant que doit offrir aux habitants de Saturne l'aspect de ce double anneau mouvant éclairé par les rayons du Soleil, il faut encore ajouter celui de sept satellites qui se meuvent d'occident en orient dans des orbes presque circulaires ; quelques-unes de ces lunes se lèvent quand les autres se couchent, parfois elles se montrent toutes sur l'horizon.

SATELLITES DE SATURNE.

	DISTANCES MOYENNES le demi-diamètre de la planète étant 1.	DURÉES des révolutions.
1er Satellite. . . .	3,35	0j943
2me Satellite. . . .	4,30	1,370
3me Satellite. . . .	5,28	1,888
4me Satellite. . . .	6,82	2,739
5me Satellite. . . .	9,52	4,517
6me Satellite. . . .	22,08	15,945
7me Satellite. . . .	64,36	79,330

URANUS.

Cette planète avait échappé par sa petitesse aux anciens observateurs. Flamsteed à la fin de l'avant-dernier siècle, Mayer et Lemonnier dans le dernier, l'avaient déjà observée comme une petite étoile ; mais ce n'est qu'en 1781 qu'Herschel a reconnu que c'était une vraie planète. Sa distance du Soleil est de 682 millions de lieues ; sa révolution est d'environ 84 ans. Le Soleil doit y paraître 400 fois moindre qu'à nous : son diamètre est de 13,490 lieues, Six satellites se meuvent autour d'Uranus dans des orbes à peu près circulaires.

SATELLITES D'URANUS.

	DISTANCES MOYENNES le demi-diamètre de la planète étant 1.	DURÉES des révolutions.
1er Satellite. . . .	13,12	5j893
2me Satellite. . . .	17,02	8,707
3me Satellite. . . .	19,85	10,961
4me Satellite. . . .	22,75	13,456
5me Satellite. . . .	45,51	38,075
6me Satellite. . . .	91,01	107,694

NEPTUNE.

Nous avons dit en parlant de l'attraction que tous les corps exerçaient les uns sur les autres une puissance attractive en raison directe de leur masse et en raison inverse du carré de leur distance. Il en résulte que non-seulement le Soleil attire les planètes, mais qu'il est attiré par elles, et qu'elles réagissent les unes sur les autres, de sorte que leurs révolutions éprouvent quelquefois une perturbation dont le calcul est la gloire des astronomes modernes.

Les tables qu'ils dressent d'avance de ces perturbations relativement à la planète Uranus, en tenant compte de l'influence perturbatrice de toutes les planètes connues, contenaient des différences trop grandes entre les positions observées et les positions calculées pour être attribuées à des erreurs d'observations ; d'ailleurs ces différences suivaient une marche régulière et progressive. L'hypothèse la plus naturelle était de les considérer comme le résultat de l'action perturbatrice d'une planète inconnue. Pour trouver cette planète, il fallait résoudre le problème inverse des perturbations : on avait pour données les différences dont nous venons de parler, considérées comme provenant entièrement de l'action d'une seule planète, et pour inconnues la masse de cette planète, ses éléments elliptiques, et sa longitude à une époque déterminée. Le problème a été résolu par M. Le Verrier : la planète troublant les mouvements d'Uranus a été aperçue le 23 septembre 1846, à 52' seulement du point assigné par le calcul : on l'a nommée *Neptune*. La distance de cette nouvelle planète au Soleil est de 1,052 millions de lieues, et sa révolution doit s'accomplir en 165 ans.

L'intensité de la chaleur et de la lumière diminuant, comme la force attractive, en raison du carré de la distance, et Neptune étant 30 fois plus éloignée du Soleil que la Terre, elle doit recevoir de cet astre 900 fois moins de chaleur et de lumière que nous. C'est encore 100 fois la lumière de la Lune, car le disque de la Lune n'occupant que la 90,000e partie du ciel, la lumière qu'elle nous renvoie est 90,000 fois moins vive que celle du Soleil.

Nous donnons ci-après deux tableaux qui présentent sous un seul coup d'œil les principaux éléments du Système solaire.

PRINCIPAUX ÉLÉMENTS DU SYSTÈME SOLAIRE.

Noms des planètes.	Durées des révolutions.	Rotation sur elles-mêmes.	Distances au Soleil.	Distances en lieues.	Moindres distances à la Terre.	Vitesses par minutes.
	jours.	j. h. m.		millions.	millions.	
Mercure	87,970	0 24 5	0,387	13,453	21,453	667 lieues
Vénus	224,700	» 23 51	0,723	25,133	9,629	488 »
La Terre	365,256	» 23 56	1,000	34,762	» »	415 »
Mars	686,979	» 24 37	1,524	52,977	18,215	337 »
Vesta [1]	1327,485	» » »	2,361	82,489	47,727	» »
Junon	1593,067	» » »	2,669	92,509	57,747	» »
Cérès	1684,735	» » »	2,771	96,186	61,424	» »
Pallas	1686,305	» » »	2,773	96,220	61,458	» »
Jupiter	4332,584	» 9 55	5,203	180,865	146,103	182 »
Saturne	10759,220	» 10 30	9,539	331,592	296,860	134 »
Uranus	30686,820	» » »	9,182	666,830	632,071	94 »
Neptune	60127,000	» » »	30,037	1052,000	1018 »	38 »
Le Soleil	» »	24 12 »	» »	» »	» »	» »
La Lune	» »	0 0 0	» »	» »	» 86	14 »

[1] Il y a cinq nouvelles planètes télescopiques : Flore, Iris, Métis, Hébé, Astrée, dont les éléments diffèrent peu des quatre autres.

PRINCIPAUX ÉLÉMENTS DU SYSTÈME SOLAIRE.

Noms des planètes.	Diamètres réels.	Diamètres en lieues.	Volume.	Masse.	Densité.	Pesanteur à la surface.	Lumière et chaleur.
Mercure	0,391	1,117	0,060	$\frac{1}{2025810}$	2, 94	1, 15	6, 67
Vénus	0,985	2,779	0,957	$\frac{1}{401847}$	0,923	0, 91	1, 91
La Terre	1,000	2,865	1,000	$\frac{1}{354936}$	1,000	1, 00	1, 00
Mars	0,519	1,600	0,140	$\frac{1}{2680337}$	0,948	0, 50	0, 43
Jupiter	11,225	33,119	1414, 20	$\frac{1}{1050}$	0,238	2, 45	0,037
Saturne	9,022	27,533	734, 80	$\frac{1}{3500}$	0,138	1, 09	0,011
Uranus	4,344	12,205	82, 00	$\frac{1}{24000}$	0,242	1, 05	0,003
Neptune	4,800	13,600	111,	$\frac{1}{13800}$	»	»	0,001
Le Soleil	112, 06	319,314	1407,124,0	1	0,252	28,36	»
La Lune	0,264	782	0,018	$\frac{1}{354936 \times 88}$	0,619	0,163	1, 00

DES COMÈTES.

Les Comètes sont des corps célestes qui se meuvent comme les planètes autour du Soleil, mais qui en diffèrent essentiellement par la diversité de leurs mouvements, qui se font dans tous les sens et dans des ellipses excessivement allongées, ce qui fait que nous cessons de les voir pendant un long espace de temps. Quelques-unes décrivent des paraboles (courbe dont le grand axe est infini), et ne font jamais qu'une seule apparition dans notre système planétaire.

On les distingue en général par leur queue vaporeuse et diaphane, à travers laquelle on observe même les plus petites étoiles. Cette queue ou nébulosité est toujours dirigée vers le prolongement de la droite qui joint ce corps au Soleil, et s'accroît à mesure que la comète s'approche de cet astre ; elle forme quelquefois une traînée immense qui atteint jusqu'à 90° de longueur.

Les Comètes obéissent aux lois de Képler comme tous les corps célestes de notre univers ; mais il ne faut pas croire que le calcul se prête aussi facilement que pour les planètes à déterminer leur retour, parce que d'un petit arc observé on ne peut conclure l'orbe entier, et que cet arc peut aussi bien appartenir à une parabole qu'à une ellipse.

Newton, après la découverte des lois de l'attraction, pensa le premier que les Comètes devaient suivre les mêmes lois dans le ciel que les planètes ; mais que leurs orbites devaient être très-allongées, afin d'expliquer une très-longue disparition. La comète de 1682 avait fait une étonnante sensation : Newton examina son cours, et trouva qu'une portion d'ellipse très-allongée convenait parfaitement à toutes les observations, pourvu qu'on supposât les aires proportionnelles aux temps, comme dans les mouvements planétaires : dès lors il ne douta plus que les Comètes ne fussent des planètes aussi périodiques que les autres.

Halley, partant de cette donnée, calcula toutes les comètes qui avaient été observées jusqu'alors avec quelque exactitude. Il trouva que celles de 1531, de 1607 et de 1682 offraient assez de ressemblance pour qu'on pût soupçonner que c'était une seule et même comète achevant sa révolution dans une période de 75 ans 1/2 environ. Halley était trop âgé pour vérifier le fait par lui-même; mais il avertit les astronomes, et l'on attendit le retour de la comète.

Clairaut et Lalande calculèrent quelle serait l'époque de sa réapparition, dans le cas où elle reviendrait, et trouvèrent que l'attraction de Saturne et de Jupiter devait retarder cette réapparition de 618 jours. Ils déterminèrent son passage au périhélie pour le 13 avril 1759; mais ils prévinrent que les quelques petites quantités qu'ils avaient négligées pourraient donner un mois d'incertitude sur l'époque où la comète reparaîtrait. La comète reparut: elle passa au périhélie un mois juste avant le jour indiqué, en sorte qu'il fut désormais hors de doute que les Comètes sont véritablement des planètes qui tournent autour du Soleil.

De nos jours l'orbite de cette comète a été calculée par MM. Damoiseau et de Pontécoulant, qui avaient fait entrer dans les éléments de ce calcul l'influence de la planète Uranus, dont l'existence n'était pas connue du temps de Clairaut, la connaissance plus exacte de la masse de Jupiter, évaluée alors à la 1,054e partie du Soleil, et l'action de la Terre: et ils avaient définitivement fixé le passage de la comète au 13 novembre 1835. L'observation a donné le 16, c'est-à-dire trois jours seulement de différence.

Des observations plus récentes ont prouvé que la masse de Jupiter était la 1/1050e partie du Soleil. Eh bien! cette légère augmentation de la masse de Jupiter porte le passage de la comète de Halley au périhélie trois jours plus tard, c'est-à-dire juste le jour même où il a eu lieu. La difficulté maintenant serait de déterminer l'heure précise, mais il n'est guère probable qu'on arrive jamais à un résultat si rigoureux, si l'on réfléchit aux légères influences de Mars, de Vénus et Mercure, qui, n'ayant point de satellites, ne nous permettront jamais de calculer leur masse avec précision, et conséquemment les perturbations qu'elles peuvent causer.

Il y a encore deux comètes dont on croit connaître le retour. La première est celle de 1680, calculée par Newton, qui lui attribue une révolution de 575 ans. La seconde, appelée comète à courte période, fait sa révolution en 1,208 jours environ. La comète qui s'est le plus rapprochée de la Terre est celle de 1770; elle n'en était éloignée que de 8,000 lieues. Il n'est guère probable cependant que ces deux astres se rencontrent jamais : il faudrait un concours de circonstances extraordinaires pour que deux corps aussi petits, mus dans un espace immense, dans des orbes de diverses dimensions et inclinaisons, vinssent à se heurter. Le temps peut toutefois faire disparaître cette improbabilité : la durée infinie permet de concevoir la réalisation de tous les possibles.

Les Comètes d'ailleurs ne paraissent avoir que fort peu de masse, car celle dont nous venons de parler n'a pas même produit un effet sensible sur les eaux de l'Océan. La substance dont elle se compose nous sera toujours inconnue : il est impossible d'en juger par analogie. La nature se nuançant sur notre petit globe d'une zone à l'autre, que doit-ce être à des distances si prodigieuses et sous des influences si différentes ! Quoi qu'il en soit, on est porté à croire que quelques-unes sont éminemment combustibles. M. Chladini a remarqué une ébullition étonnante dans la comète de 1811 : l'ondulation se portait en deux ou trois secondes de la comète au bout de la queue, trajet de 4 millions de lieues. Cette rapidité inconcevable surpasse même celle de la lumière. Les comètes qui ont été le plus longtemps visibles sont : en 64, sous Néron ; en 603, au temps de Mahomet ; en 1240, lors de l'irruption de Tamerlan ; en 1729, et en 1811 sous Napoléon.

DES ÉTOILES.

Les Étoiles diffèrent des planètes en ce qu'elles gardent

toujours entre elles la même position relative et que leurs disques vus dans les plus forts télescopes se réduisent à des points lumineux.

La parallaxe des Étoiles, ou l'angle sous lequel on verrait de leur centre le diamètre de l'orbe terrestre, est insensible et ne s'élève pas à 2'', même pour les étoiles qui par leur vif éclat semblent être le plus près de la Terre. Deux observations exactes d'une étoile à l'écliptique, faites à six mois d'intervalle l'une de l'autre et à une distance de 70 millions de lieues, n'ont apporté aucun changement appréciable dans la position apparente de l'etoile; elle répond toujours exactement au même point du ciel.

On pourra juger de la distance de Sirius (la plus belle étoile du ciel et vraisemblablement la moins éloignée de la Terre) en disant que l'atome lumineux qui frappe les yeux de celui qui regarde cette étoile en est parti il y a plus de trois ans, et a parcouru 70 mille lieues par seconde. Herschel affirme qu'il y a des étoiles dont la lumière ne nous est parvenue qu'après deux mille ans.

L'éloignement prodigieux et la vivacité de la lumière des Étoiles nous prouvent évidemment qu'elles sont lumineuses par elles-mêmes, et que ce sont probablement autant de soleils qui servent de foyers à des systèmes planétaires imperceptibles. Le Soleil n'est lui-même qu'une simple étoile, dont l'éclat, la chaleur et l'étendue sont relatifs à la distance où on le voit; car de la planète Uranus, cet astre ne doit être vu que sous un angle de 2', distance qui est nulle en comparaison de celle des Étoiles. Les astronomes classent les Étoiles par ordre de grandeur, et ils distinguent les principales étoiles des constellations par les lettres de l'alphabet grec, en attribuant les premières lettres aux plus brillantes. On nomme étoiles de première grandeur celles qui jettent une très-vive lumière; on en compte une quinzaine. On a compté longtemps dix ordres de grandeurs; mais la puissance des lunettes actuelles peut étendre ce vaste champ jusqu'à quinze ordres. L'œil n'en aperçoit qu'une bien faible partie, environ quinze cents; tout le reste est d'observation télescopique: Herschel ayant calculé le nombre d'étoiles contenues dans un espace de huit degrés de longueur sur trois de largeur, en a compté 50,000. Cette proportion appliquée sur toute l'étendue du ciel nous en donnerait 75 millions, s'il était permis de supposer que les verres de nos instruments ont atteint la perfection; mais puisque les étoiles se multiplient à mesure que les verres acquièrent plus de force, on doit supposer que dans un espace sans limites leur nombre est infini.

Le nom de *fixes*, donné aux étoiles pour les distinguer des planètes qui tous les jours changent de place, n'est pas d'une rigoureuse exactitude; plusieurs ont un mouvement propre, Sirius; Aldébaran, la Lyre, etc., nous ont permis d'évaluer leur déplacement. Celui d'Arcturus, dans la constellation du Bouvier, est de plus de 100 millions de lieues par an, et cependant ce n'est qu'après un siècle d'observation qu'on a reconnu que cette étoile s'avance vers le midi. D'autres étoiles tournent autour d'un centre commun. Herschel a trouvé qu'un grand nombre d'étoiles ont changé leurs positions respectives. L'étoile α des Gémeaux est double, et les orbites dans lesquels elles se meuvent autour d'un centre commun sont à peu près circulaires : le temps de leur révolution apparente est d'environ 342 ans. Des deux étoiles qui composent γ du Lion, la plus petite tourne autour de la plus grande et accomplit sa révolution rétrograde en 1,200 ans. Ces étoiles forment donc des systèmes à part tournant périodiquement autour de leur centre de gravité : ces mouvements ne peuvent être expliqués par la réfraction, la nutation, ni même en admettant une parallaxe annuelle, attendu qu'ils n'ont pas lieu dans le sens convenable à ces hypothèses; ils n'ont même aucune analogie avec ceux de notre système planétaire, et cependant ils ne peuvent être que la conséquence de la loi universelle, l'attraction, cette lyre divine dont les accords toujours harmonieux ne peuvent souvent être entendus que par l'intelligence.

Plusieurs étoiles, appelées *changeantes*, présentent des variations périodiques dans l'intensité de leur lumière. Elles restent quelques heures, quelques mois sans être visibles, puis reparaissent, brillant du plus vif éclat. On a observé dans le Cygne trois étoiles changeantes; une d'elles disparaît quelquefois, et devient ensuite de cinquième, puis de troisième grandeur : la période des variations est de 596 j. 21 h.

L'histoire fait mention de plusieurs étoiles qui ont paru et disparu ensuite totalement. La plus fameuse de toutes les nouvelles étoiles est celle de 1572 : elle parut tout à coup dans la constellation de Cassiopée. En peu de temps elle surpassa la clarté des plus belles étoiles ; sa lumière s'affaiblit ensuite, et elle disparut seize mois après sa découverte sans avoir changé de place dans le ciel. Sa couleur éprouva des variations considérables ; elle fut d'abord d'un blanc éclatant, ensuite d'un jaune rougeâtre, et enfin d'un blanc plombé. Ces phénomènes sont analogues à ceux que nous offrent sur la terre les corps que nous voyons s'enflammer, brûler et s'éteindre.

On appelle *voie lactée* cet espace blanchâtre qui fait le tour du ciel, en coupant l'écliptique vers les deux solstices. Démocrite jugea autrefois que la blancheur de cette trace céleste devait être produite par une multitude d'étoiles trop petites pour être aperçues distinctement ; Herschel a reconnu de nos jours la vérité de cette supposition. On observe encore dans diverses parties du ciel de petites blancheurs que l'on nomme *nébuleuses*. Vues dans le télescope, elles offrent également la réunion d'un grand nombre d'étoiles; d'autres ne présentent qu'une tache blanchâtre et irrégulière.

Mouvements apparents des Étoiles. — *L'aberration* est un petit mouvement apparent des Étoiles, causé, suivant la théorie de Bradley, par le mouvement de la Terre combiné avec le mouvement progressif de la lumière des Étoiles; leur résultat fait que les Étoiles fixes paraissent décrire tous les ans un petit cercle autour de leur vrai lieu.—La *nutation* est un autre petit mouvement apparent des Étoiles produit par un balancement de la Terre (*Voy.* p. 29), en vertu duquel les Étoiles paraissent se rapprocher et s'éloigner de l'équateur. Les astronomes calculent ces mouvements avec soin, parce qu'il faut en tenir compte dans toutes les observations.

DES ÉCLIPSES.

Les éclipses ont lieu lorsque la Lune se trouve dans l'écliptique. Si son orbite était dans l'écliptique même il y aurait des éclipses dans toutes les conjonctions et dans toutes les oppositions, c'est-à-dire à toutes les nouvelles et à toutes les pleines lunes; mais l'orbite de la Lune est inclinée de 5° 9′ sur l'écliptique, et ne le coupe que dans deux points appelés *nœuds*.

Les éclipses de Lune ne peuvent avoir lieu que quand la Lune n'est pas éloignée de plus de 12° en deçà ou au delà de chaque nœud; les éclipses de Soleil ne peuvent arriver qu'à 17° de chaque côté de chaque nœud. Les nœuds de la Lune se meuvent dans un sens contraire au mouvement propre de ce satellite; ils parcourent 19°20′ chaque année, ce qui, joint au mouvement de la Terre, produit dans le retour des éclipses des variations continuelles. Les anciens astronomes avaient reconnu que dans l'intervalle de 18 ans 10 jours la Lune passait successivement par tous les points de l'écliptique, et qu'après cette période les éclipses revenaient à peu près dans le même ordre; mais cette observation est loin d'être certaine; depuis on a trouvé que la période de 521 ans ramène les éclipses dans le même ordre bien plus exactement.

Les grandes éclipses de Soleil arrivent quand cet astre se trouve dans son aphélie et la Lune dans son périgée, parce qu'alors le diamètre apparent du Soleil est le plus petit qu'il puisse être, tandis que le diamètre apparent de la Lune est le plus grand possible : dans ce cas l'éclipse du Soleil est totale, elle dure 3 h. 8′; mais le Soleil ne peut jamais rester totalement obscurci plus de cinq minutes.

Les éclipses de Lune sont plus fréquentes que celles de

Soleil, et la cause en est facile à concevoir : en effet, quand la Lune est éclipsée elle perd réellement sa lumière, et l'éclipse est vue de tout l'hémisphère tourné vers la Lune. Au contraire si c'est le Soleil qui est éclipsé, comme la Lune est beaucoup plus petite que la Terre son ombre couvre seulement une partie de l'hémisphère éclairé ; elle fait alors à peu près l'effet des nuages, qui nous dérobent momentanément la vue du Soleil tandis qu'à peu de distance d'autres spectateurs le voient dans tout son éclat. On conçoit donc qu'une éclipse de Soleil peut se présenter totale ou annulaire pour un lieu et n'être que partielle pour un autre, et que la grandeur et la forme de cette éclipse peuvent varier suivant la position de l'observateur. L'éclipse de Soleil du 16 septembre 1792 était remarquable en ce que sa limite traversait la France depuis Cherbourg jusqu'à Strasbourg ; en sorte que dans le nord de la France il n'y avait point d'éclipse ; il y en avait à Senlis, et il n'y en avait point à Compiègne, quelques lieues plus loin. La dernière éclipse que nous avons vue partielle à Paris, en 1847, était annulaire dans plusieurs contrées de l'Europe.

Pour déterminer la longueur d'une éclipse de Lune ou de Soleil, on divise le diamètre de ces astres en douze parties, que l'on nomme *doigts*. Ainsi quand on dit qu'une éclipse a été de quatre doigts, cela veut dire que le tiers du diamètre de l'astre a été éclipsé. Les éclipses peuvent se calculer avec tant de précision, soit en remontant dans les siècles écoulés, soit en pénétrant dans les siècles à venir, que c'est le seul moyen de vérifier la chronologie des anciens peuples qui les ont observées. La plus ancienne dont les hommes aient conservé le souvenir est celle qui fut observée en Chine 2,155 ans avant l'ère chrétienne, et que les astronomes modernes ont certifiée par leurs calculs.

Parmi les éclipses de Soleil qui seront visibles à Paris dans la dernière moitié de ce siècle on remarquera celles qui se présenteront aux dates suivantes : le 20 juillet

1851, 9 doigts 15 minutes; le 15 mai 1858, 10 d, 45 m.; le 18 juillet 1860, 9 d. 32 m.; le 22 décembre 1870, 10 d. 3 m.; enfin le 28 mai 1900, il y aura une éclipse de 7 d. 53 m. Nous n'avons pas compris dans cette énumération les éclipses qui sont au-dessous de 6 doïgts.

DE LA PARALLAXE ET DE LA MESURE DES DISTANCES.

Tous les calculs astronomiques sont fondés sur la mesure des angles et sur la connaissance du rapport des divisions de la circonférence au rayon du cercle. On est convenu de diviser le cercle en 360 parties qu'on appelle *degrés*. Si l'on trace un cercle de 10 centimètres de diamètre et qu'on le divise en 360 parties, puis qu'on divise le rayon de ce cercle en parties de la même grandeur, on verra qu'un degré est environ la 58ᵉ partie du rayon.

Cette remarque est bien importante, elle va donner un moyen certain de calculer la distance des planètes. C'est avec un cercle ainsi divisé qu'on mesure les arcs dans le ciel. On pousse ces divisions jusqu'à la 3,600ᵉ partie d'un degré sur un cercle de 2 à 3 mètres de diamètre, en sorte qu'on mesure dans le ciel les minutes, les secondes et même des fractions de seconde.

Pour connaître l'éloignement d'une planète il suffit de savoir quelle différence on trouve en la regardant de divers endroits de la Terre : car plus un objet est près de nous, plus il paraît changer de position relativement aux objets placés derrière lui quand on change de place pour le regarder : cette différence d'aspect s'appelle *parallaxe*.

Pour déterminer la parallaxe deux observateurs très-éloignés l'un de l'autre mesurent la hauteur d'un astre dans le méridien : c'est ce que fit en 1751 Lacaille au cap de Bonne-Espérance et simultanément Lalande à Berlin. Nous allons essayer par une comparaison de faire comprendre au lecteur ce calcul trigonométrique aussi simple qu'ingénieux.

Supposons une habitation bâtie sur le penchant d'une

colline et dont le jardin en terrasse descend vers le fond d'une vallée. Si dans ce jardin existe une colonne surmontée par un globe, et que ce globe soit de niveau avec les fenêtres du rez-de-chaussée, en regardant horizontalement par une de ces fenêtres on verra le globe répondre à un point quelconque d'une colline opposée. Si on observe ensuite ce même globe de la fenêtre d'un étage supérieur, il paraîtra répondre à un autre point, et ce point sera moins élevé sur le coteau.

Le point où ce globe répondait lorsqu'on l'observait horizontalement était son *vrai lieu* pour le rez-de-chaussée, qui, dans notre supposition, représente le centre de la Terre; le lieu où répond le même globe vu de la fenêtre plus élevée est le lieu *apparent*, et cette fenêtre indique un point sur la surface de la Terre où serait placé le second observateur. Si l'on suppose maintenant que le globe de la colonne représente la Lune et la colline la voûte étoilée, on connaît la distance de notre planète à la Lune.

Il est clair, en effet, que le rayon visuel tiré du rez-de-chaussée au globe, la distance qui sépare les deux étages et le rayon visuel tiré de la fenêtre supérieure forment trois lignes qui sont les trois côtés d'un triangle rectangle : car la distance qui sépare les deux étages est perpendiculaire au rayon qui part du rez-de-chaussée.

Or une des premières propositions de la géométrie nous apprend que lorsqu'un triangle est rectangle la somme des deux angles autre que l'angle droit est de 90°; si l'angle que fait le rayon visuel de la fenêtre élevée de la maison avec sa hauteur verticale, mesuré avec des instruments convenables, est par exemple de 88°, ce nombre étant soustrait de 90°, il reste 2° pour l'angle au sommet du globe; cet angle de 2° est donc la mesure de la parallaxe.

La supposition que je viens d'indiquer est précisément basée sur la méthode dont on s'est servi pour fixer la distance de la Lune à la Terre. Concevons maintenant une ligne droite tirée à travers la Terre et joignant les lieux de deux observateurs; cette ligne sera la base d'un triangle dont les deux autres côtés seront les lignes de chaque observateur de la Lune; et comme dans le triangle deux angles et la base sont connus, il en résulte nécessairement la connaissance des deux autres côtés et du troisième angle. Par exemple, si la base du triangle ou la distance qui sépare les deux observateurs est de 1,432 lieues (grandeur du rayon ou demi-diamètre terrestre), et que pour l'un d'eux la Lune ait paru plus élevée d'un degré que pour l'autre, cette différence d'un degré est évidemment l'angle sous lequel serait vu de la Lune le rayon de la Terre; et si l'on veut savoir ce qui en résulte pour l'éloignement de la Lune, on n'a qu'à se rappeler que nous avons reconnu qu'un angle d'un degré est à peu près la 58e partie de la longueur du rayon. D'où il suit que les deux rayons visuels qui des lieux des deux observateurs vont faire sur la Lune un angle d'un degré sont 58 fois plus longs que leur écartement, et cet écartement étant de 1,432 lieues, l'éloignement de la Lune à la Terre est 58 fois ce nombre, ou environ 85,000 lieues.

L'orbite de la Lune étant elliptique, la parallaxe diminue en raison de son éloignement. A l'apogée elle est de 53′ 46″; dans ses distances moyennes, elle est de 57′ 1″, et au périgée elle est de 61′ 26″. Cette variation dans la parallaxe, qui est toujours en rapport direct avec le diamètre apparent d'une planète, a permis de calculer avec la plus rigoureuse exactitude l'excentricité de l'orbite lunaire.

Nous avons dit en commençant que la parallaxe est d'autant plus sensible que l'objet observé est plus rapproché; aussi le diamètre de la Terre n'étant qu'un point comparé à la distance du Soleil ne peut servir de base pour calculer son éloignement. Si deux observateurs placés sur les côtés opposés de la Terre examinent le Soleil dans le même moment, le centre de cet astre leur paraîtra à l'un et à l'autre dans le même point du ciel; mais quand Vénus est entre le Soleil et la Terre, la distance entre nous et entre elle étant trois ou quatre fois moindre qu'entre le Soleil et nous, si Vénus est vue par deux observateurs situés à l'antipode l'un de l'autre, mais sous le même méridien, ils la verront tous les deux passer sur le Soleil ; il n'y aura de différence que dans les instants où ils verront commencer ou finir le passage. Par exemple, en 1769 on alla observer de différents lieux de la Terre le passage qui devait avoir lieu, notamment à Wardhus, à l'extrémité septentrionale de la Laponie, et à l'île Taïti, au milieu de la mer du Sud. Vu de Wardhus, il dura 5 h. 53′ 14″; et vu de Taïti il dura 5 h. 30′ 4″, ce qui fait une différence de 23′ 10″. Ensuite par le calcul on a déterminé quelle aurait dû être cette différence pour telle ou telle distance de la Terre au Soleil, et on a trouvé qu'en la supposant de 35 millions de lieues (ce qui donne pour la parallaxe du Soleil ou l'angle sous lequel la Terre en serait vue, 8″ 6), le résultat du calcul s'accordait passablement avec celui des deux observations ci-dessus. Nous disons passablement, et en effet l'incertitude peut aller à 200,000 lieues ; elle peut paraître énorme, mais quand on y réfléchit on voit que ce n'est pas une lieue de mécompte sur 180. Il y a peu de distances, même sur la Terre, qui soient connues avec plus de précision.

Quant à la distance des planètes supérieures, c'est au moyen de la *parallaxe annuelle* ou parallaxe de l'orbe terrestre qu'on est parvenu à la connaître, et tous ces calculs ont confirmé la vérité de la troisième loi de Képler, dont nous avons parlé page 10.

Nous avons déjà dit que la parallaxe des étoiles était insensible, et que deux observations faites aux deux points opposés de l'orbe terrestre à une distance de 70 millions de lieues n'apportent aucun changement apparent ni dans la position respective des étoiles, ni dans la dimension de leur diamètre, ni dans leur éclat. Si cette parallaxe était d'un degré pour les étoiles les moins éloignées, l'orbe terrestre serait vu de ces étoiles sous cet angle, et comme un degré est la 58e partie du rayon, ces étoiles seraient à 58 fois 70 millions de lieues ; mais cette parallaxe n'est pas même de 2'', et 2'' ne sont pas la millième partie du rayon; les étoiles les plus brillantes sont donc au moins à 100,000 fois 70 millions de lieues. A cette énorme distance un cheveu placé devant l'œil d'un observateur suffirait pour cacher notre système planétaire tout entier, quoiqu'il soit 40 fois plus long que l'écliptique.

DE LA MESURE DES DIAMÈTRES.

Le diamètre apparent d'une planète est l'angle sous lequel il paraît. Par exemple, le Soleil au commencement de juillet paraît sous un angle de 31' 30'', et Vénus, quand elle est le plus près de nous, sous un angle de 1' seulement. Ce diamètre augmente quand la distance diminue. Ainsi le Soleil étant plus près de la Terre dans l'hiver de notre hémisphère qu'en été d'environ un trentième, son diamètre apparent est plus grand dans cette saison.

Le diamètre apparent se mesure par le temps qu'un astre met à passer devant un fil très-fin placé dans la lunette. On observe le moment précis où son bord vient toucher le fil tant à son entrée qu'à sa sortie. La durée écoulée entre ces deux instants, exprimée en degrés, à raison de 15° par heure, donne le diamètre apparent si l'astre décrit l'équateur. Ainsi, en observant le Soleil, s'il s'écoule entre le passage du premier bord et celui du second deux minutes de temps, c'est une preuve que le Soleil a 30' de diamètre, car le Soleil parcourant en 24 heures les 360° de la sphère, en une heure il en parcourt 15; en 4 minutes, qui sont la quinzième partie d'une heure, il décrit un degré, et en 2 minutes de temps il avance de 30' de degré.

Le diamètre du Soleil étant connu ainsi que la parallaxe, le volume s'obtient aisément. Par exemple, le rayon de la Terre est vu du Soleil sous un angle de 8'', 73, et celui du Soleil vu de la Terre de 16' ou 960'' : on est donc bien assuré qu'à la même distance où le rayon du Soleil paraît de 960', celui de la Terre semble être de 8'', 73;

ces rayons étant entre eux dans le rapport de ces deux nombres, on a la proportion suivante :

8″ 73 : 960″ :: le rayon terrestre 1 : au rayon du soleil.

Or, en ajoutant à 960 autant de décimales qu'il y en a à 8″ 73, on a 96,000 qui, divisé par 873, donne pour quotient 111.

Ainsi le rayon solaire est 111 fois celui de la terre.

Mais on sait en géométrie que les volumes de deux sphères sont entre eux comme les cubes de leurs rayons ; or le cube de 111 est 1,370,000 : donc le soleil est environ quatorze cent mille fois plus gros que la terre.

On trouve par les mêmes observations que le rayon de la lune est de 15′ 7. Les calculs de la parallaxe démontrent que le rayon de la terre est vu de la lune sous un angle de 57′ 6 ; les rayons de ces deux sphères sont donc dans les rapports de ces deux nombres à très peu près :: 11 : 3. Il en résulte que le demi-diamètre de la lune n'est que les 3 onzièmes de celui de la terre, son volume le 49e, et son diamètre de 782 lieues.

FIN.

TABLE.

FIN DE LA TABLE.

Paris. — Imprimerie Bonaventure et Ducessois, 55, quai des Augustins.

www.ingramcontent.com/pod-product-compliance
Ingram Content Group UK Ltd.
Pitfield, Milton Keynes, MK11 3LW, UK
UKHW012104240726
13965UKWH00004B/1522

9 782013 058186